2022 年四川轻化工大学研究生教学建设项目《景观规划设计与实践》
项目编号：JC202211；
2021 年四川省智慧旅游中心项目《基于演化博弈的乡村智慧旅游
资源开发激励与约束机制研究》项目编号：ZHYR21-02。

景观规划设计

邓婷尹　著

中国原子能出版社

图书在版编目（CIP）数据

景观规划设计 / 邓婷尹著. --北京：中国原子能
出版社，2024.5（2025.3 重印）

ISBN 978-7-5221-3407-9

Ⅰ. ①景⋯　Ⅱ. ①邓⋯　Ⅲ. ①景观设计　Ⅳ.
①TU986.2

中国国家版本馆 CIP 数据核字（2024）第 099227 号

景观规划设计

出版发行	中国原子能出版社（北京市海淀区阜成路 43 号　100048）	
责任编辑	杨　青	
责任印制	赵　明	
印　　刷	北京天恒嘉业印刷有限公司	
经　　销	全国新华书店	
开　　本	787 mm×1092 mm　1/16	
印　　张	14.5	
字　　数	215 千字	
版　　次	2024 年 5 月第 1 版　2025 年 3 月第 2 次印刷	
书　　号	ISBN 978-7-5221-3407-9　　　**定　价　88.00 元**	

网址：http://www.aep.com.cn　　　　E-mail：atomep123@126.com

前　言

　　随着经济的飞速发展，城市建设也不断加快，城市新区正以不同的面貌展现在人们面前，但随之产生的环境污染与生态破坏问题也威胁着人类自身的生存环境。景观规划设计能够起到改善生态环境、净化空气质量的作用，同时还能对城市形象乃至城市文化展示有着重要意义。

　　现如今，景观规划设计已经逐渐演变成一门综合性的学科，其涉及建筑学、社会学、人文学、地理学、民俗学、人体工程学、土木工程等内容，这是人类对生活环境和生活质量高需求的体现。

　　本书共分为七章：第一章对景观规划设计的基本内容进行概述，包括景观的内涵与主要设计内容、景观规划设计的发展历程和基本理论及相关学科。第二章介绍了景观规划设计的基本要素和具体方法。第三章阐述了景观规划设计过程中需要遵循的六大原则。第四章介绍了景观规划设计的几大基本类型，即城市景观规划设计、公园绿地景观规划设计、住宅区景观规划设计、校园景观规划设计、乡村景观规划设计。第五章介绍了景观规划设计的多元化发

展趋向，包括文化趋向、生态化趋向、功能的多元化趋向、艺术与风格的多元化趋向。第六章对景观规划设计的艺术性表达手法进行了分析，如中国水墨艺术中的留白手法、"跨界"手法、竖向设计、控制手法等。第七章是从拓展视角对景观规划设计的相关内容进行研究，如数字技术在景观规划设计中的应用、现代商业环境景观规划设计等。

　　本书在写作过程中参阅了大量文献和专著，并引用了相关专家和学者的观点，在此一并致谢。因笔者水平有限，书中难免存在疏漏之处，恳请广大读者批评与指正。

目　录

第一章　景观规划设计基本概述

第一节　景观的内涵与主要设计内容

一、景观的内涵

（一）景观

1. 景观的含义

在现实生活中，"景观"一词被广泛运用到各个领域。不同的时期，景观的含义存在一定的差异。

"景观"一词最早可追溯到公元前编写的《旧约圣经》中，西伯文为"noff"，指"风景"或"景色"的视觉美。

在十六世纪末十七世纪初，现代英语出现"Landscape"一词，用来描述自然景色和风光，与肖像、海景相区别，后来也指代"自然风景""田园景色"，以展示某一区域地形或点观察到的视觉环境。到了十八世纪，国外园林设计师将绘画作为设计范本，将绘画中的主题和造型移植到园林设计。自此，"景观"便与"造园"有了紧密的联系。

十九世纪以后，"景观"的概念更加丰富、多变，内涵更为复杂。当代景观的研究集中于地理学、生态学、景观规划设计学当中。

从美学的角度看，景观是一个富有审美价值的专业术语，使人类从视觉、触觉等方面体验美的存在；从精神文化角度看，自然景观对人类精神生活具有调节作用；从生态角度看，自然景观就能推动人与自然的和谐发展。总而言之，自然景观就是表现出人对大自然的热爱，属于人造的艺术品，是人们最重要的休憩场地。

综上所述，景观指土地及土地上空间和物体构成的综合体，是人类在大自然过程中的活动烙印。

2. 景观的内容

景观是多种功能的载体，可被理解和表现为以下内容。

（1）风景——视觉审美空间和环境。

（2）栖居地——人类生活空间和环境。

（3）生态系统——内在和外在联系的有机系统。

（4）符号——一种记载人类过去、表达希望和理想的环境语言和精神空间。

（二）规划

环境规划科学性较强，所耗费的人力、物力、财力资源较多。对过往的过分专注，使得其不得不采用二维设计，并且"规划"并不会全部消失，出于对经济增长的渴望，它曾经也有过低谷，现如今对政府的规划形式有一定的制约作用。

同一个人的精神状态一样，一个良好的环境能够被察觉出来，但想要下一个定义却有难度。想要提高健康水平，医生就需要了解人体代谢机理；想要改善生态环境，设计师就需要了解相应的地理学、规划学等方面的知识。相比于解剖学的研究，内在因素的分析更为简单；相比于环境运行方式，研究物理环境更加容易。因此，在规划设计中，我们不能局限于可见的要素，在知识、思想、技巧等看不见的因素中也要下足工夫。

1. 科学与规划

诊断是医学治疗的前提，以便对症下药，然而，规定性的规划难以从现有事物的科学研究中获取。国外学者提出"应该存在的"不应局限于从"现存的事物"中取得，这对景观规划也有一定的启示作用。

以高速公路规划为例，其规划过程为：调查发现机动车出行的趋势在不断加强；对客观地、目的地分析，明确机动车的来向；绘出新的道路平面；征求意见，评选最佳路线；根据评选出的最佳路线进行施工；建设款到位，开工。长此以往，所有的新道路规划都采用上述模式，设计的道路千篇一律，直至所有的城市被沥青填满，绿色景观成为奢望，本应多姿多彩的建筑物成为这种规划的牺牲品。

科学是在观察和推理的基础上表现出来的，但这种效果有限。根据"洞穴"理论，人类是一个洞穴的囚犯，只能看到坡上物体的影子，无法看到物体本身，揭示了人类知识和理解的局限性。随着时代的发展，"洞穴"变大了，但现有的科学技术仍然被束缚在洞穴墙体展示的表象当中。由于缺少"人类因何存在""人类应有怎样的行为"等知识，导致人们只能靠信仰和自身的判断力进行辨别，无法科学回答某些问题。

二十世纪是"科学的世纪"。在世纪之初，思想上的启蒙和科技的发展将人类社会推向一个黄金时期，人们的信心倍增，对科学推理方法深信不疑，但随着世界大战的爆发，生态环境的恶化，人们的信仰逐渐崩塌。在这个时期，科学技术所扮演的角色并不光彩。

2. 地理学与规划

动词"规划"来自名词"规划"，前者指一种在平面进行的二维投影

工作,"地理学"是一门描绘地球表面情况并解释其形成原理的科学。

柏拉图艺术理论将景观描述成"一个理想场所",十分适合形容一个规划和设计的目标。景观绘画者将理想世界表现在画布中,景观设计者在房产建设中创造理想环境。后人在此基础上进行了改良,将其解释为"一片广阔、区别于其他区域特征的土地,是成形过程和自然力的产物",这种观点有一种现代感。但无论在哪一个时期,景观的内涵价值都未被舍弃。

随着景观概念的革命性变化,设计者逐渐将眼光转移到城市区域外,开始考虑更为宽广的地理现象,研究场所和范围不断扩大。受到地理学的影响,规划设计师们开始成为这一变化的有力支持者和行动者,"调查—分析—规划"方法论也是在这个背景下被提出来的,地理学与景观规划的联系不断加强。

3. 现代规划

在现代规划模式下,世界各地逐渐趋同。

十八世纪的启蒙运动,让人们坚信科学、教育和规划会让世界更加美好;十九世纪,规划成为卫生、道路和其他公共工程的基础。二十世纪,规划的内涵和外延不断拓展,逐渐涉及交通、住宅、工业等各个领域。这一宽广的环境视野有一定的合理性,但也暴露出众多问题:设计师采用单一的趋向划分、单用途区域划分方式,形成了"存在即合理"的不科学思维习惯。

(1)早期现代规划。二十世纪前期,规划倾向于工程技术和建筑,被称为"城市美化运动"时代。设计和绘画以改善城市外貌为主,规划被视为"大规模建筑设计",不再限于街道和立体设计范畴。

(2)中期现代规划。到了二十世纪二三十年代,地理学科的深刻变革,让设计师形成了"将有机体切割"的规划理念,开始进行总体规划、分区规划、土地利用规划。此时的精力放在物质空间环境,忽视了生态环境建设。在这一时期，规划内容以文本和二维平面规划图为主，超越了建筑范畴。此时的城市充当阶段和可定义用地区的角色，中心到外围有轴向交通线和密度梯度。

早期现代规划阶段，设计师多是具有社会科学背景的实践人员，要求对地理学、政治学、经济学、统计学有充分的认识。自此，规划专业完全脱离"建筑学"框架，目标不断延伸，逐渐从"大规模建筑设计"转变为"小规模城市管理"，艺术逐渐被忽略。

（3）后期现代规划。

进入二十世纪六七十年代，生物学和生态学理念被运用到规划领域，但此时的规划重心仍在土地利用和道路交通上，这一时期的规划属于综合、系统性的规划。设计师需要协调其他专家的工作，以避免冲突、解决问题。在这样的时代背景下，"指挥环境专业乐队"应运而生，并出现了一大批坚定的拥护者，规划师大多解决的是经济效益、社会公平、土地利用和交通等方面的问题。

在现代主义规划中，规划被假设成一个区域未来的单一景象：一条路、一个道理、一种方法。科学技术的日新月异，规划逐渐包罗万象，导致无论是欧洲区域、还是亚非区域，都似乎存在一种通用的规划方案，导致规划的未来景象呈现趋同现象，但这与当地特征或居民意愿并不相符。

纵观规划设计发展史，其关注的事物一直在变化。现在是绿化隔离带和环路，未来可能是随林荫道延伸的城镇扩展计划或以环路为基础的城市中心重建计划。事实上，规划要根据时代和社会的发展不断更新。

（三）景观规划

在我国，景观规划设计以"风景园林设计"为原型，与景观、景观设计、园林、建筑、城市设计密切联系。无论是大尺度景观还是小尺度景观，不管是风景旅游区还是街道绿地，都涵盖其中。它包括除建筑之

外的室外空间的一切设计，微观尺度的有庭院设计、别墅设计；中观尺度的有公园、广场、住宅区、历史街区景观设计等；宏观尺度有旅游区、国家公园规划等。随着人文景观和自然环境的变迁，当代景观规划设计与生态学相结合，赋予了景观规划更多的科学和理论成分。

1. 景观规划与传统园林的区别

（1）园林在前，景观在后。圃，指菜园；囿，指圈起的一块地，用来圈养动物。封建时代的皇室逐渐远离大自然，走进宫城，将大自然景观浓缩，形成园林。在现代，随着工业发展和公民的民主意识、健康环保意识的增强，园林从私家走向大众，呈现出开放性和公共性特点。

（2）景观规划侧重精神文化。建筑和城市强调精神文化，重视功能、技术，旨在为人类解决生存问题；景观规划在建造和布置的过程中，是围绕解决人类精神享受问题进行的，基本成分包括了像树木、水体、雨等"软质景观"及像墙体、栏杆等"硬质景观"。

以中国典型的造园模式——"一池三山"为例，通过模拟海上仙山的形象，以满足人们接近神仙的愿望；再如牌坊等景观建筑形式，用以记载着当年的荣升和皇帝的恩宠。在欧洲中世纪时期，像土耳其伊斯坦布尔和法国巴黎的景观建筑形式，记载着各种战争的凯旋和战功，具有纪念性意义；此时的拱券、柱式和园林布局等，既是宗教和专制的产物，也承载着一种宗教精神。

到了现代，多数景观设计借助古代文化或现代文化的符号语言表达人文、理想、民主和国家等精神文化诉求。如景观设计中使用各种拱券柱式、中国长城形式、某种传统文化的建筑轮廓，或采用多元化理念中某种形式，进行景观空间形式设计，具有开放性特征。

（3）景观规划设计面向大众。传统园林服务于少数富人，除规模较大的皇家园林，基本是较小的私家花园；现代景观规划设计服务于多数的人民群众，面向的往往是一个区域或一座城市。

2. 景观规划设计的发展趋势

景观规划设计，旨在培训具备丰富生态知识，对景观花卉管理和园林欣赏、风景园林设计等领域具备一定知识与能力的人员；在城市规划设计、景观设计和园艺企业、花木公司，以及高校和科研机构中进行城市景观、森林公园、道路景观、各单元景观、住宅景观和各种公园城市绿地的规划、设计的应用型和综合性高级技术人员。

近年来，园林景观设计被运用到房地产等各行各业，蕴含着勃勃生机。另外，社会对风景园林景观设计师的青睐，使得风景园林景观设计业逐渐成为一个热门职业。自此，风景园林景观设计不再局限在街头绿地、公园的建设养护中，随着大地艺术的兴起，生态环境系统的营造，旅游经济的崛起，风景区建设、古城再开发与保护等工作也随之增加。在这样的时代背景下，园林景观设计师的业务得到进一步拓展，从宅区到外部环境设计再到城市公共城市居住社区的外部环境设计等方面都有所体现。

二、景观设计的主要内容

（一）城市规划分支

1. 城市

城市设计，指对城市空间环境进行的整体上的构思和安排，贯穿于城市规划的各个环节。不管是大尺度的广场，还是小尺度的庭院，所形成的整体庭院形象都存在于自然空间当中。

自人类自觉建设城市起，城市设计便出现了。在中国古代，不乏优秀的城市设计实例，如北京故宫的宫殿建筑群，营造出一种雄伟、严谨

且生动的空间氛围，称之为杰作不为过。像中国古代建筑、牌坊、亭台、影壁等，在布局、对景、比例方面都经过精心设计。西方国家像古希腊卫城和中世纪、文艺复兴时期欧洲一些知名的城市广场、大型宫廷花园，都是古代城市设计代表。

现代城市的诞生，赋予了城市多元、复杂的属性，城市设计的指导理念和设计方法也随之变化，它在内容、规模、技术、形式风格等方面，都达成了一个空前的高度。二十世纪五十年代以后，各国在城市设计方面进行了大量的探索和实践，如旧城区的改建、各种类型的新城区、大型交通运输枢纽和绿化带的建设，都是现代城市设计产物。

现阶段，我国景观规划设计与城市设计的结合仍处于探索阶段，建筑、规划、园林环境艺术呈现百花齐放的局面。在一些西方发达国家，已经有了丰富的城市设计实践，城市的空间布局和组织，基本通过景观进行协调，形成了一个整体的城市空间环境。

从景观规划设计的角度看，不仅要把握景观与现代城市设计的关系，还需要从景观开敞性、绿地、生态入手，在为城市留有足够的"空地"的基础上，进行统筹设计和布局。

2. 历史文化名城

历史文化名城，是指经国务院批准公布的保存文物特别丰富且具有重大历史价值或革命纪念意义的城市。在我国，必须满足以下标准才属于历史文化名城。

（1）城市的历史悠久，仍保存较丰富、完好的文物古迹，具有重大历史、科学、艺术价值。

（2）城市的现状格局和风貌仍保留历史特色，且具有一定数量的代表城市传统风貌的街区。

（3）城市市区和郊区有一定的文物，保护和利用这些历史文化遗产对该城市的性质、布局、建设有重要影响。

历史文化名城保护的内容如下。

① 历史文化名城的格局和风貌。

② 与历史文化密切相关的自然地貌、水系、风景名胜、古树名木。

③ 反映历史风貌的建筑群、街区、村镇。

④ 各级文物保护单位。

⑤ 民俗精华、传统工艺、传统文化等。

根据保护对象现状和性质，同时结合当地经济文化发展需求，制定一个科学有效的保护目标。

历史文化名城保护属于典型的景观规划设计，景观规划设计以历史文化名城的特色为依据，是保护历史文化名城的主要手段。在我国，历史文化名城保护被视为城市规划的任务之一。事实上，在满足城市规划原则要求的基础上，采用景观规划设计的理论和方法来保护历史文化名城，取得的效果更佳。

3. 城市绿地系统

城市绿地系统，指在定性、定位、定量的统筹安排各类城市绿地的基础上，打造的科学、合理的绿色空间系统。它是城市总体规划的重要组成部分，在城市园林绿地详细规划和城市绿地建设管理方面起着重要指导作用。一般来说，城市绿地系统规划分为总体规划组成部分和专项规划。

（1）城市总体规划的组成部分。要求调查与评估城市发展的自然条件，协调城市绿地与其他各项建设用地的关系；确定城市公园绿地和生产防护绿地的空间布局、规划总量和人均定额。

（2）专项规划。《城市规划编制办法实施细则》第十六条规定的"必要时可分别编制"指的就是专项规划形式，其任务是在规划期间，以区域规划、城市总体规划为依据，预测城市绿化各项发展指标的发展水平，对各类各级城市绿地进行综合部署，确定绿地系统的结构、功能

和需要解决的主要问题；确定城市主要绿化树种和园林设施及近期建设项目等，以满足城市和居民对城市绿地的生态保护和游憩休闲等方面的要求。

专项规划，是一种针对城市所有绿地和各个层次的系统性规划，主要包括以下内容。

① 确定城市绿地系统规划的目标及原则。

② 根据相关规定及结合城市自身的生态要求，围绕国民经济计划、生产、生活水平及城市发展规模等，研究城市绿地建设的发展速度及水平，拟定城市绿地的各项指标。

③ 合理布局各项绿地，确定其性质、位置、范围和面积等，使其与整个城市总体规划的空间结构相协调。

④ 提出各类绿地调整、充实、改善意见，进行树种及生物多样性保护与建设规划，制定分期建设与实施措施及计划。

⑤ 编制城市绿地系统规划的图纸及文件。

⑥ 对重点公园绿地提出规划设计方案，制作重点地段绿地设计任务书以备详细规划使用。

（二）城市绿地规划

城市绿地，指以自然植被和人工植被为主要存在形态的城市用地，包括城市建设用地范围内用于绿化的土地，对城市生态、景观和居民休闲生活具有积极作用。

从广义的角度看，"城市绿地"概念建立在充分认识绿地生态、城市发展与环境建设互动关系的基础上，有利于构建一个科学、系统的城市绿地系统。

根据中华人民共和国住建部颁发的《城市绿地分类标准（CJJ/T 85—2017）》，城市绿地分类和代码见表1-1所示。

表 1-1 城市绿地分类和代码

类别代码			类型	备注
大类	中类	小类		
G1	G13		公园绿地	
			综合公园	规模一般大于 10 hm²
			社区公园	规模一般大于 1 hm²
			专类公园	
		G131	动物园	
		G132	植物园	
		G133	历史名园	
		G134	遗址公园	
		G135	游乐公园	绿化占地比例不少于 65%
		G139	其他专类公园	绿化占地比例不少于 65%
	G14		游园	带状游园的宽度应大于 12 m 绿化占地比例不少于 65%
G2			防护绿地	
G3			广场用地	绿化占地比例不少于 35% 绿化占地比例不少于 65% 的广场用地计入公园绿地
XG			附属绿地	不再重复参与城市建设用地平衡
	RG		居住用地附属绿地	
	AG		公共管理与公共服务设施用地附属绿地	
	BG		商业服务业设施用地附属绿地	
	MG		工业用地附属绿地	
	WG		物流仓储用地附属绿地	
	SG		道路与交通设施用地附属绿地	
	UG		公用设施用地附属绿地	
EG			区域绿地	不参与建设用地汇总，不包括耕地
	EG1		风景游憩绿地	

续表

类别代码			类型	备注
大类	中类	小类		
EG	EG1	EG11	风景名胜区	
		EG12	森林公园	
		EG13	湿地公园	
		EG14	郊野公园	
		EG19	其他风景游憩绿地	
	EG2		生态保育绿地	
	EG3		区域设施防护绿地	区域设施指城市建设用地外的设施
	EG4		生产绿地	

1. 公园绿地（G1）与防护绿地（G2）

（1）公园绿地。向公众开放，以游憩为主要功能，兼具生态、景观、文教、应急避险等功能，具有一定服务设施的绿地，是城市绿地的重要组成部分，是人们接触最多、最影响城市形象的公共场所之一。世界上首个向公众开放的公园绿地是伦敦摄政公园。

（2）防护绿地。用地独立，是集卫生、隔离、安全、生态防护功能于一体，且游客不宜进入的绿地，包括卫生隔离防护绿地、道路及铁路防护绿地、高压走廊防护绿地、公用设施防护绿地等。

2. 广场用地（G3）、附属用地（XG）和区域绿地（EG）

（1）广场用地。指集游憩、纪念和避险功能于一体的城市公共活动场所。

（2）附属用地。指附属于各类城市建设用地的绿化用地，但不包括"绿地与广场用地"。

（3）区域绿地。一般位于城市建设用地之外，集生态环境及自然资源和文化资源保护、游憩健身、安全防护隔离、物种保护、园林苗木生产等功能于一体的绿地，在改善城市生态环境、丰富居民休闲和文化生活等方面具有重要的调节作用。

（三）景点规划

1. 风景名胜区（EG11）

风景名胜区，是景观资源丰富、集中，环境宜人，具有一定规模和游览条件，可供人们游览欣赏、休憩或进行科学文化活动的地域。一般位于城市近郊，属于"区域绿地（EG）"范畴。

确定风景名胜区的标准：经有关部门批准；具备科学、文化或观赏价值；有一定的规模和范围。我国风景名胜区事业属于公益性范畴，旨在为国家保留珍贵景观资源，并加以合理开发利用。

我国国家级风景区与国际国家公园概念类似，同时具有自身特色，是面积较大的自然地区，有着丰富的自然资源，包括部分历史遗迹。在国家公园范围，禁止狩猎、采矿和其他资源耗费活动，核心景区一般不少于 $20\ km^2$，并保留一定的原始景观。此外，国家公园一般由若干生态系统未因人类开发和占有而发生显著变化，动植物种类及地质地形地貌具有特殊科学、教育、娱乐等功能组成的区域。

（1）风景名胜区的类型。有关风景名胜区的分类，根据不同的分类标准，类型也有所差别，具体如下。

按照景观特征分类：

① 以山景取胜的风景名胜区。

② 以水景取胜的风景名胜区。

③ 山水结合、交相辉映的风景名胜区。

④ 以历史古迹为主的风景名胜区。

⑤ 休养、疗养、避暑胜地。

⑥ 近代革命圣地。

⑦ 自然保护区中的游览区。

⑧ 因现代工程建设而形成的风景名胜区。

按照等级分类：

① 国家级重点风景名胜区。

② 省级风景名胜区。

③ 市级风景名胜区。

④ 县级风景名胜区。

（2）风景名胜区特点。

① 类型众多。在这里，人们能看到众多自然景观，还能观赏到不少的人文景观。

② 自然景观奇特。我国许多风景名胜区的自然景观绚丽多姿，富有特色，让人流连忘返。

③ 自然景观与人文景观相结合。我国自然山川深受传统历史文化影响，伴有不少文物古迹，以及诗词歌赋、神话传说，这正是中华民族的悠久历史和灿烂文化的最佳例证。

（3）风景名胜区的构成。

① 风景名胜区规划。风景名胜区规划，旨在对风景区进行培育、开发利用和经营管理，统筹部署和具体安排景区，经相关部门批准后得以设立，具有法律效力。

② 风景资源。风景资源，指风景游览对象和风景开发利用的事物与因素的总称，具有一定的审美和欣赏价值，是风景环境的基本要素，奠定了风景区效益的物质基础。

③ 景点。由若干相互关联的景物所构成，具有相对独立性和完整性的基本境域单位。

④ 景群。由若干相关景点构成的景点群落。

⑤ 景区。在风景区规划中，根据景观类型、景观特征或游赏需求而划分的一定用地区域，包括较多景物、景点或景群，具有相对独立性。

2. 森林公园

森林公园，指具有一定规模，自然风景优美的森林地域，是人们进行游赏、开展科学文化活动的重要绿地场所。在这里，有丰富的自然景观和人文景观，良好的生态环境，观赏、科学价值较高。一般位于城市郊区，属于"区域绿地（EG）"范畴。

森林公园，是对若干生态系统，没有或极少受到人工开发的特殊区域的自然环境和自然资源，兼具美学、科学和教育价值的自然区域加以科学保护、管理和开发利用。在这里，能够开展科学研究、教育和相关旅游活动。

纵观世界森林公园发展史，大部分国家都采取有效措施对森林公园加以保护，并取得显著成果。长期的实践证明，建设森林公园，在保护生态环境、维护物种多样性、留存自然历史遗产等方面具有重要意义，有着良好的社会效益和经济效益。

我国森林旅游资源极为丰富，林区地貌、森林景观和人文景观极具特点，有着良好的发展前景和市场潜力。自此 20 世纪 80 年代我国首个国家森林公园——张家界国家森林公园建立起，各种类型的森林公园如雨后春笋般涌现，像神农架国家森林公园、西双版纳原始森林公园、海螺沟冰川森林公园等。

我国森林公园，历史文化遗迹和人文景观资源丰富，且多数位于城镇和风景旅游区附近，市场开发价值不菲。

（1）森林旅游资源。指以森林景观为主体，其他自然景观为依托，人文景观为陪衬，兼具游览价值与旅游功能，并能吸引游客的一切自然资源和人文资源。

（2）景观资源。指在森林公园范围内，可构成景观并具有观赏价值

的一切自然资源和人文资源。

（3）景区。指为便于森林旅游管理和组织游览，结合风景特点与分布状况和功能的空间区域。

（4）景点。指从美学角度形成的主题鲜明、完整的区域。可以是吸引游人的独立景物，也可以是由多个景观组成的综合体。

（四）景观设计规划的一般程序

景观规划设计程序，指对某区域范围内的完整景观进行规划设计的一系列步骤，以使最终的结果与预期相符合。

通常来说，景观规划设计中有些步骤是不可或缺的，甚至对预期目标的实现起着决定性作用。

1. 景观规划设计程序的作用

（1）建立一个完整、富有逻辑关系的构架体系，制定解决方案。

（2）便于确定如景观资源、场地条件、游憩设施、工程造价等方案与基本条件是否契合。

（3）将众多方案进行筛选，选出最优方案。

（4）作为对建设方解读设计意图的原始基本资料。

2. 设计工作流程

（1）调查研究阶段。依据有关部门制定的法定范围、界线，对项目所在基地进行细部分析，调查内容包括场地现有的建筑、竖向的现状地形、当地气候、土壤、植被、文化与民俗等，在此基础上制定一份完整的调查报告，具体调研阶段如下。

① 基础资料。有关景观规划设计的文字和技术图纸资料。

② 现场素材。在调查现场中得到的素材。

③ 资料整理。对获取的资料加以整合，进行分类，并勾勒大致框架、

确定基本形式，作为设计的参考依据。

（2）编写计划任务书阶段。在对有关规范、性质及设计依据，地区气候特征、周围环境、面积大小等进行详细了解后，编写计划任务书，明确功能分区，拟定艺术形式的布局、整体风格和卫生要求。根据地形地貌制定分期实施计划和近期、远期投资及单位面积造价定额分配。

（3）总体景观规划设计阶段，具体过程如下。

① 立意。设计师表达的基本设计意图。

② 概念构思。对环境分析、活动设立、功能布局、流线组织等展开设计构思操作。

③ 布局组合。这是一个协调过程，包括结构形式与内容两部分，考虑内容包括设计内容、规模、作用等。

④ 草案设计。这一过程是将概念布局变为总体设计的过程，要求将所有要素置于正确位置，仍属于粗略整合范畴。

⑤ 总体设计。总体设计直接展示最终结果，是设计工作的关键一环，要求将草案部分内容精细化、艺术化。

（五）景观生态规划的内容

关于景观生态规划内容，不同的学者有不同的见解，以下是学界几种主流的观点。

（1）景观生态分类、景观生态评价、景观生态设计、景观生态规划和实施。

（2）区域景观生态系统的基础研究、景观生态评价、景观生态规划与设计生态管理建议。

（3）景观生态分析、景观生态综合、景观数据的解释、景观生态评价、景观优化利用建议前提等。

综上所述，景观生态规划的总体内容可以分为以下几方面。

1. 景观生态学基础研究

从结构、功能等方面来看，景观生态学基础研究，包括景观生态分类、格局与动态分析、功能分化等内容。

2. 景观生态评价

景观生态评价，包括经济社会评价与自然评价。评价内容为景观对现在用地状况的适宜性和对已确定的将来用途的适宜性。

3. 景观生态规划与设计

根据景观生态评价结果，探讨景观的最佳利用结构。

4. 景观管理

景观管理包括两方面内容：其一，实施景观生态规划和成果；其二，将实施中出现的问题反馈给相关人员，在此基础上加以完善。

一般来说，景观生态规划价值具有多元化和空间分异的特点，像森林、湿地等景观都具有生态环境改善和旅游开发等多重价值，如农业景观不仅能够提供农产品，还具有良好的观光价值。然而，在同一时空条件下，这些价值存在一定的冲突。因此，景观生态规划设计的当务之急，在于科学分析规划客体的空间分异规律，努力探索协调价值冲突的手段和方案，从而最大限度发展景观的功能和价值。

第二节　景观规划设计的发展历程

随着社会经济的迅速发展，人类文明的进步，民众对自身居住环境的要求越来越高，我国居住区景观规划设计一定程度上体现了我国整体景观规划设计的发展情况。居住区一般指城市住宅区，指不同居住人口规模的居住社区或生活聚居区，特指被城市干道或自然分界线围合，与居住人口规模相对应，有较为齐全的设计，能满足广大民众无助和文化需求的公共服务社区。

高质量的居住环境成为人们的共同追求，城市化进程的加快，导致城市人口迅速扩张，人均绿地占有率不断降低。在这样的时代背景下，人们呼吁更多的绿地面积和环境质量更优的居住环境。

纵观我国居住区景观规划设计发展史，大体分为启蒙阶段、转变阶段、发展阶段和成熟阶段四个时期。

一、启蒙阶段（20 世纪 50—70 年代）

新中国成立初期，住宅区景观设计以园林绿化为主体，被视为与建筑有关的设计，基本等同于居住区景观设计。这一时期的住宅区规划采用西方"邻里"规划理论，以儿童上学不穿越城市干道为界限，并设有学校和日常商业点，住宅区一般为 2~3 层，风格与庭院类似。住宅区街道的规划，主要利用封闭的周边布局，配以少许公共建筑，上学和购物需要穿越街道。

这一阶段的景观设计多是对原有的设计理念进行简单的模仿，设计师并未产生设计独特景观的意识。其中，国家整体经济实力也一定程度上制约着住宅区景观规划设计。

二、转变阶段（20 世纪 80 年代）

改革开放号角的吹响，社会经济结构得到调整，居住区建设规模不断扩大，但当时的建设模式仍受计划经济的影响，实行的是统一规划、设计、施工和管理，住房租金低，福利是"单位大院"。这一时期的居民

拥有相同的社会属性和生活价值观，有利于形成良好互动的居住文化，是特定时代的一种特殊文化产物，成为当代居住景观的一致追求。在经济发达区域，人们普遍要求更高的生活质量，在景观设计上表现为营造休闲的园林空间。

这一时期的居住区规划结构呈现"居住区—居住小区—组团—庭院"四级特征。

三、发展阶段（20 世纪 90 年代）

到了 20 世纪 90 年代，住宅区布局打破了传统的行列式结构，更加重视社区的整体空间、公共空间和私人空间结构，追求布局的自由和灵活；注重营造环境氛围，室内与室外景观的游街；建筑风格突破"火柴盒"风格和欧式风，呈现多样化的形式；房地产品牌强调时尚、创新，景观规划设计有了突破性的进展。具体表现在以下几个方面。

第一，景观设计将花草树木、道路、建筑全部纳入规划体系，并强调景观主题的策划；第二，绿化系统完善，注重建立人与自然相协调的绿色住宅区；第三，规划设计理念的更新，重视住宅区景观功能的完善，尽可能满足用户的物质和精神需求，比如人车分流的交通规划体系、屋顶花园等；第四，现代住宅小区的大型化、设施的齐全化、居住空间的完整化成为设计主流。然而，这一时期的景观设计仍存在不少问题，比如景观设计在投资占比过多，过分精雕细琢，一味追求奢华气派，虽具有较强的观赏性，但实用价值不高。

四、成熟期（新世纪以来）

新世纪以来，生态环境恶化，全球性气候、健康问题突出，人们的环境保护意识和健康意识增强，对居住环境的要求越来越高，注重居住的舒适感和宜人性。另外，统一的城市风格使得区域文明丧失特色，一定程度削弱了人们的归属感。一个地区的人居环境，集中体现当地文化传统。因此，住宅区规划设计，应当坚持绿色、生态、低碳理念，营造生态化居住环境。

我国景观规划发展史表明，我国住宅区规划设计趋于城市，正朝着生态化、区域化、人性化趋势方向发展。我国景观规划设计从简单的绿化逐渐过渡到生态居住区的生态环境，经历了开始、发展和成熟三个阶段。

（一）住宅区景观设计发展现状

在成熟阶段，我国居住区景观规划设计在为居民提供观赏便利的同时，满足了居民休闲、娱乐等精神层面的需要，让广大民众漫游其中。通过利用不同的景观设施，如根据居住区集中空间，为人们提供大型、小型、公共、私密空间，以满足不同的活动需要；开阔的场地可以组织群众文娱活动，隐蔽的小空间则供居民交往、阅读。

一般来说，住宅景观包括物质和精神两种文化元素，二者存在密切的联系。"小桥流水人家"是最理想的生活环境，是物质与文化的完美融合。住宅区景观规划设计中的植物栽植也是关键的一环，不同的植物能带给人不同的内心感受，对此应当在遵循植物生长规律的基础上，根据绿化和艺术的要求，在满足植物生态习性和生长条件的同时，为居民栽植适合的植物类型。园林景观体现的社会生活的方方面面，对设计要求的合理搭配具有重要的现实意义。小区景观主要由道路、绿化、设施、小品、驳岸等构成，在长期演变发展中呈现出以人为本、可持续的文化理念。

（二）住宅区景观设计发展趋势

随着中国城市化步伐的加快，居民生态环保意识不断增强，对生活

和居住质量有了更高的要求，住宅区景观设计呈现文化性、艺术性、共享性特征，强调"赏心悦目+实用价值""鲜活风情+建筑特色""植物布局+水景点缀"，形式多元、内涵丰富。

1. 环境景观的文化性

我国风景园林有上千年发展历史，文化底蕴深厚，是先辈们的智慧结晶，是中华文明重要组成部分。在住宅区景观设计中，必须尊重历史和传统文化，将建筑与环境视为一个有机整体，结合当地的文化背景进行规划设计，以继承和弘扬优秀历史文化。不同的居住区，都有独特的地方文化，对于多民族聚居区而言更是如此。在景观设计中，注重乡土文化的挖掘，能够赋予建筑和环境文化气息，实现居住区与文化的融合。在居住区开展绿化，旨在为生活在闹市的人们营造自然、生态的温馨环境，在结合当地地形地貌的基础上，根据经济适用原理，用尽可能少的投入实现设计与当地文化的交融。

2. 环境景观的艺术性

20世纪90年代以前，欧洲园林盛行欧式风格，如大面积观赏草坪、花坛、对称式罗马柱廊、喷泉等。此后，住宅景观设计更强调人的审美需要，采用简单明快的风格，多元发展趋势逐渐形成。另外，住宅景观注重居民的舒适感，力争给居民带来美好体验。现阶段，人们审美需求的多样化，使得住宅区园林设计注重现代园林与传统园林的结合，营造既具历史感又不失明快的环境氛围，满足了人们的精神生活需要。

3. 环境景观的共享性

住宅区景观设计追求"生态""美化"，要求合理搭配各种植物；加强围墙功能，创造丰富的环境元素，营造静谧的空间氛围，打造宜居、温馨、简单、宁静的居住环境。

4. 环境景观的"赏心悦目+实用价值"

住宅区景观设计，应结合植物群落，合理选择适宜栽植的植物，推动布局的科学化、生态化。一般来说，古典风格的建筑适宜种植芭蕉，现代建筑适合几何形状的乔木。

5. 环境景观的"鲜活风情+建筑特色"

随着居民环境质量和审美意识的增强，逐渐追求品牌价值和品质感的居住环境。因此，相比于户型设计，园林景观带给居民的更觉更强烈。

6. 环境景观的"植物布局+水景点缀"

一般来说，小区绿地与居民生活更加贴合。因此，在景观设计中需要考虑植物配置和建筑构图的平衡，建筑遮挡与衬托等问题，同时重视通风、光照等因素，做到花木搭配得简洁明快，根据因地制宜的原则尽可能选择"三季有花、四季常青"的树种。现如今，大多数住宅区景观设计运用点缀式水景，这样能够显得植物更具活动、景观更为美观，达到绿色、科学和艺术的统一。在居住区景观设计，结合当地气候条件，多选择耐贫瘠、抗旱性强的乡土树种，同时混合栽植灌木、藤本、草本植物、花卉和果树，以保证植物的成活率和环境成景，使用平面绿化和立体绿化相结合的手段。

7. 环境景观的"一步一景+季节变换"

现阶段，景观规划从简单植物铺陈过渡到应景设计，在有限的空间，通过栽植各色植物，创造季季不同、无限可能的风景，为住宅区增添活力。应景设计，能够给居民单调的生活增加色彩，让居民在小区就能观

察到多样的景观。园林地形，是人工风景的艺术概括，当下住宅区景观设计常用的设计手段是"营造缓坡"，以扩大绿化面积，赋予景色层次感，在园林中让四个季节的风景都有所展现，以取代四季常绿植被，在不同阶段展示不同的美，从感官上影响居民的情绪变化，给他们带来美的享受。

（三）使用现代新材料

科技手段的进步，设计和施工技术技艺的成熟，丰富了现代景观设计理论和实践。在这样的时代背景下，新锐景观设计师倡导采用塑料、金属、合成纤维进行设计的观点，推动了现代景观发展开辟出全新的道路。新材料在现代景观设计的运用呈现出情感、生态和局部化趋势，我国景观设计师在使用高新技术进行设计的意识逐渐增强。景观材料的运用随着城市园林的发展而不断丰富，现如今，传统材料基本被新材料取代，外观更加新颖，操作便利。使用新材料的过程中，应当注意两点：其一，新材料符合现代建筑的要求；其二，节能环保符合生态趋势。

新材料在景观设计中呈现以下趋势：使用非标制成品材料、复合材料、特殊材料，如玻璃、聚氯乙烯材料；发挥材料特质；重视表现色彩；考虑特定地段的要求和居民需要；注意运行维护的便捷性。

居住区是人们日常生活、工作的主要场所，因此，住宅区景观设计需要坚持以人为本、和谐共存的原则，立足于开发和创新，从科学、现代居住景观角度出发，以改善城市生态质量和居住环境为目标，实现城市的可持续发展。居住区景观设计，应当以"归属感"为核心，营造出一种"家"的温馨，实现人、社会、自然三者的和谐。住宅建筑形象设计，在强调简洁明快的同时，又不失新鲜感，营造富有情趣而独特的生活环境。

第三节 景观规划设计的基本理论及相关学科

一、观光休闲农业园区的理论与实践

改革开放以来，社会主义市场经济体制的建立，国家对"三农"问题的高度重视，我国城乡经济发展进入快车道，人们的物质生活水平有了极大的提高。在这样的时代背景下，休闲农业应运而生，在探索和实践中形成了多种组织形式，取得了长足的发展。与此同时，我国园区规划建设也普遍存在一系列问题，具体表现如下。

其一，观光休闲农业园区的景观规划没有相应的技术支撑和成熟的理论指导；其二，观光休闲农业园区规划缺乏系统的设施，"晴天一身土，雨天一身泥"的情况屡见不鲜，导致游客的回头率降低。现阶段，观光休闲农业园区设计正形成"理论—研究—实践"的发展模式，相应的景观项目正朝着健康、持续的方向发展。

近年来，随着现代化进程加快，城乡居民生活水平有了极大的提高，大众的生态环保意识也在不断增强。景观设计师以此为契机，设计出集科技示范、观光、采摘、休闲于一体，经济、生态、社会效益相结合的综合观光休闲农业园区，具有旅游、休闲、教育等多元功能，设施齐全，实现了生态、休闲、科普的有机结合。另外，随着科技手段的成熟，农村不再专注于大耕作农业，客观上带动了农村旅游业和服务业的发展，成为农村新的经济增长点。

在园林景观设计中融入农业景观的做法可以追溯到西欧伊甸园神话当中，在伊甸园，生长着形态各异的花木、果实，安全也有保障，反映当时人类对神秘和美好的向往。到了中世纪，欧洲古典园林栽植各种蔬

菜、花卉和果树，供贵族欣赏、享用，葡萄园、橘园、稻田等数不胜数。

十六世纪以后，欧洲园林设计运用农业景观的理念达到顶峰，在教育和休闲活动的推动下，农业生产的欣赏价值被各个行业认同，为景观设计师提供了不少灵感。如英国东林生态园，有着丰富的农业景观，供游客观光和果蔬采摘，取得不错的经济效益和社会效益。

十九世纪，农业旅游在欧洲盛行，但此时尚未正式提出"观光农业"的概念，属于旅游项目的分支。二十世纪中期，观光农业园区和农业观光旅游逐渐成为人们的重要的休闲方式之一。二十世纪八十年代，旅游需求呈现多样化趋势，观光农业园扩展了相应的功能，增加了先进的"农民公园"形式，以一个家庭或小群体为单位，提供欣赏、游玩活动。具有代表性的有德国在城市郊区的"市民农园"，约五十个单元，功能丰富，有家庭农艺，种植蔬菜、花卉、果树，让市民与大自然接触，丰富他们的文化生活。此后，许多国家都在探索和实践观光农业发展经验，实现了不同程度的发展。

商周时期，是我国园林发展的初始阶段，王都的苑、囿，种植了大量的桃、梅、木瓜等农作物，营造一幅花朵盛开、枝叶茂盛、硕果累累的美景。这从《周礼·地官司徒》的记载可见一斑："场人，掌国之场圃，而树之果藤、珍异之物，以时敛而藏之。"现如今，在城市景观中不乏水果和蔬菜的展示，如深圳国际园林花卉博览园的"瓜果园"，园内栽植奇异瓜果、各种蔬菜品种，品种丰富，观赏价值极高，同时具有良好的科学教育作用。园林入口，有简单、自然、环保的景石，十分醒目；蜿蜒的溪流穿过整个果园，显得亲切、宁静；园道由大理石铺砌而成，曲线优美、图案丰富，并指引着游客前行。在景观小品方面，框景瓜果竹架、竹亭、花架廊、园林木桥、竹门、园林竹架、木架亭等，趣味横生。园内的植物配置以观赏奇花异果的岭南园林植物配置方法为主体，丰富多彩的植物、柔和多变的线条，将"瓜果园"的魅力展现得淋漓尽致。

改革开放以后，我国观光农业逐渐兴起，最早的是深圳的"荔枝观光园"。现阶段，许多大中城市相继开展观光休闲活动，获取了一定的社会效益和经济效益，反映出观光农业的活力和生机，如无锡马山观光农业园、枣庄万亩石榴园等。这些观光农业成为城市旅游业的重要组成部分，观赏价值较高。

景观生态学，通过研究在一定规模的区域下，众多不同生态系统组成的整体空间结构、相互作用、协调功能及动态变化的一门生态学新分支，研究焦点在于较大的空间和时间尺度上的生态系统的空间格局和生态过程，直接推动着城市景观、农业景观等人类景观课题的发展。随着城市化扩张，自然植被不断削减。作为农业景观发展的高级形态，观光休闲农业园区的景观规划设计，必须遵循景观生态学的原理，从功能、结构、景观入手，明确园区设计目标，重点保护农田，根据因地制宜的原则，适当绿色廊道，以提高周边生态环境质量，推动景观的生态功能的恢复。

"景观"一词最早可追溯到公元前编写的《旧约圣经》，西伯文为"noff"，译为"美"，用以描绘所罗门皇城耶路撒冷景色的壮丽，这说明，景观最早指的是"城市景观"，随着社会的发展，其内涵得到丰富，逐渐延伸到农村。人类对自然有着天然的亲切感，而农业的自然资源十分丰富，是满足人们对自然向往的理想场所。从本质上看，观光休闲农业园区实际上反映人们对美好生活的追求和向往，在园区内的赏花观果，在感叹大地对万物的哺育的同时，身心得到愉悦，从而拥有了更丰富的美的体验。

事实上，景观中的部分关键的局部、点及位置关系，形成了一种潜在的空间格局，即所谓的"景观生态安全格局"，有利于在维护和控制生态过平衡。农业景观安全格局，包括耕地保护区、保护区和保护区之间的关系三个部分，与人口和社会保障水平相对应，能够确保农业生产过程稳定在一个安全的水准。景观功能取决于所选择的模式，在维持土地

可持续利用的稳定性，维护和优化相应的景观空间格局方面起到重要作用。一般来说，景观稳定性越强，对外界干扰的抵御能力也越强，恢复能力也越强，为空间格局和功能的稳定提供了有力的支撑。景观空间异质性对景观格局保持稳定的功能，体现对土地保护和安全目标的可持续利用，一定程度上能反映景观多样性、景观破碎度、景观聚集度和景观分维数等指标。

　　相比于传统农业生产建设方式，观光休闲农业园区景观规划将"城市—农田"看作一个整体，通过与城市生活对话，构筑集观赏、游玩、居住为一体的环境景观，打造"城市—乡村—田野"的休闲空间系统。园林绿化规划设计，以绿化树木和农作物为基本材料，营造一种简单、清新的风格；同时，坚持以人为本的原则，注重景观设计的人性化，通过展示不同的地块和景观类型，让人们在愉快的体验中感受农耕文化的魅力。

二、观光休闲农业区景观规划设计原则

（一）生态原则

　　旅游业的发展，不可避免会带来污染。因此，园区在日常生产生活中必须重视生态环境的保护和治理，以免对自身和周边环境造成不可逆的损失。通过营造恬静、宜人、自然的生产生活空间，不断提高园区环境质量，体现了园林设计的生态性原则。

（二）经济性原则

　　园林的绿化改造，直接目的在于创造更多的经济效益，在设计过程中需要注意经济生产园区的建设。对采摘活动进行规划设计，确保采摘活动的有序进行，在非采摘季采用各种手段吸引游客，从而带来更高的经济收益。

（三）参与性原则

现阶段，亲身体验和自娱自乐成为一种旅游时尚。观光休闲农业园区空间广阔、内容丰富，参与度较高。当游客参与到园区的生产和生活当中，才能更好地感受农村生活的魅力，享受原生态乡村文化的乐趣。

（四）突出特色的原则

观光休闲农业园区设计的特色原则，要求打造特色鲜明的主题，在内容、形式等方面做到"人无我有，人有我特"，以增强园区的竞争力和发展潜力，从而更好地服务于游客。

（五）文化原则

提及农业，大多数人想到的是它的生产功能，往往忽视了它的文化内涵，但这恰恰是观光休闲农业园区设计的重点。因此，园区应当充分挖掘当地农业文化资源，不断提高文化品位，推动园区的可持续发展。

（六）多样性原则

事实上，不论哪一种旅游项目，都应当坚持多元化原则，以满足游客多样化的需求。园区在设计时，应当从产品开发、旅游线路、游玩方式、时间等多个方面设计多种方案，带给游客多样化的体验。

三、观光休闲农业园区景观规划设计思路与方法

一般来说，农业园区的规划思路存在"以工业为中心""以土地为核

心""以提高农产品竞争力为核心"三种方式，结合观光休闲农业园区特征，围绕游客休闲度假的需求，景观旅游规划的思路和方法如下。

（一）观光休闲农业园区的核心

具体思路为：以提供农产品为第一项业务，兼顾生态环境保护和治理，充分利用各种旅游观光资源；以观光休闲为核心，在科学理论指导下布局和进行功能分区，全面提高园区景观环境质量。

（二）景观规划的程序和内容

1. 基础资料收集和分析

基础资料：园区所在区域的农业发展状况、园区所在地的自然条件（如气候、降雨量、地形地貌、土块肥沃程度等）、交通条件、社会人口现状、经济发展水平、已有的相关规划成果，现场踏勘工作获得的现状资料。

2. 目标定位

明确设计目标，在此基础上进行科学规划，确定园区性质与规模、主要功能与发展方向，在实践中对目标进一步凝练。

3. 园区发展战略

在调查、分析、综合的基础上，评估园区自身的特点，并提出相应的发展战略，制定实现园区发展目标的方式，充分挖掘市场潜力。

4. 园区产业布局

确定农业生产在园区基本位置，在作物育种、生物技术、农产品、农副产品加工等产业基础上，发展旅游、休闲度假等第三产业，以符合农业生产和旅游服务的要求。

5. 园区功能布局

在园区功能规划方面，应当与产业布局结合，并考虑游客游玩观光的需要。在明确功能区的基础上，划分接待服务区、农产品示范区、观光采摘区、生产区范围，完善功能布局图。

6. 园区土地利用规划

合理布局园林绿地、建筑、道路、广场、农业生产用地等用地，并确定各个板块的大小和范围；绘制用地平衡表，对不同土地类型的地块进行科学评估，提高农业土地的利用率，以获取更多的经济价值。

7. 景观系统规划设计

在园林规划设计中，注重区域土地的叠加和综合，设置园区空间结构变化和重要节点的景观意象，完善物质环境，如基础服务设施规划、植物景观配置规划、水电设施规划等。

8. 解说系统规划设计

解说系统规划设计内容分为两部分：一是软件部分，如导游、咨询服务等；二是硬件部分，如导游图、牌示（这是最主要的表达方式）、幻灯片、资料展示栏等。在此基础上，向旅游者开展科普教育，让更多的游客了解农耕文化的悠久历史，学习更多广泛的自然资源的知识，如生态系统、农作物品种、文化景观及相关人类活动。

9. 景观规划与设计的实施

实施景观规划与设计，是对园林设计的细化，对整体方案进行的调整和修改。详细设计重要景观节点，制作园路、树花木、园林小品等要素的平面布局图，并着手进行施工设计。

10. 评价

针对园区原有现状，综合评价园区景观设计的过程和实施，评价内容包括：规划设计方案的适用性评价、投资与风险评价、环境影响分析与评价、经济效益和社会效益的分析与评价。

11. 管理

完善园林景观规划管理机制，确保制度的灵活、高效，以保证各项工作的有序进行；建立健全相应的开发运营体制，如"公司—农户—经济合作组织"的经营管理模式。

12. 规划成果

从形式上看，规划成果包括可行性研究报告、文本、图集、基础资料汇编；从内容上看，包括现状分析、目标定位、指导思想、土地利用和空间布局、功能分区、保障机制和组织管理方式。

四、B市观光休闲农业园区景观规划建设与发展

（一）B市观光休闲农业园区规划的目标及意义

1. B市观光休闲农业园区规划的目标

在最近几年，B市加强观光农业园区建设，开展了一系列生态示范、科学教育、农产品、采摘休闲等活动，取得了明显的成果，为城市旅游业发展提供实践经验。比如，B市制定果蔬产业发展战略规划目标，提出了"八带百群千园"观光发展框架。其中，"八带"指建立以"果、梨、桃、葡萄、柿子、板栗、核桃、仁用杏等"八大树种优势产业带；"百群"，

指建成一百个高质量的名特优品种群；"千园" 指打造一千个特色鲜明，品质优良，集观赏、娱乐、科技园为一体的功能性园区。

2. B 市观光休闲农业园区规划的意义

在对 B 市居民访谈过程中发现，绝大多数居民有近郊旅游、观光、度假的想法，不少人还采取乡村旅游的方式过双休，在外面住宿的人数也不在少数，庞大的市场需求为开发民俗旅游和农业旅游创造了有利条件。B 市建设观光休闲农业园区，农业生产和开发方式朝着多元化方向发展，为当地旅游资源的开发和建设提供便利，促进了旅游资源结构的调整，提高了当地与周边自然生态与景观环境质量。

（二）B 市观光休闲农业园区类型

1. 大规模景区型

大规模景区型园区，占地面积较大，园区成片分布，对游客的吸引力较大，易形成大尺度的园林景观。该区域一般采用成片开发的方式，打造特色和优势景观，开展多样化的旅游项目，打造一个环境优美、设施完善、管理科学的优质园区。

项目：上万亩桃花园景区和梨园。

2. 休闲度假型

闲度假型园区，自然环境优美，这里依山傍水、气候宜人，有秀丽的田园风光，且距离市中心城区有一定的距离。

项目：绿色生态度假村。

3. 科研科普型

科研科普型园区，凭借雄厚的科技力量和现代高科技设备，使得园区具备优良的科研优势和示范推广价值，以便更好地发挥"一个带动、三种基地、一个中心"的作用，具体如下。

（1）打造带动郊区农业产业结构调整，开展产业化经营的示范园区。

（2）成为新优品种研发、示范、推广的基地。

（3）成为提高果农经营管理水平的技术培训基地。

（4）成为观光、休闲和科普教育的基地。

（5）打造果品贮藏、销售、信息服务的中心。

4. 名特果品采摘园

名特果品采摘园，以栽种当地传统名果、特优新品种为主，并开展相应的观光采摘旅游活动。

项目：白梨、鸭梨基地。

5. 田园风光型

田园风光型园区，地处城市郊区，土地利用属性复杂，是城市扩展的主要空间，城市景观和乡村景观交错出现，形成了独特的田园文化特征和田园生活方式。园区凭借果园特色、水果品质，吸引不少游客，通过完善现代园林设施、休闲设施，以满足游客的需求。

6. 景区依托型

景区依托型园区，多与其他风景名胜区邻近，依托旅游景点开展旅游活动。这类景区自身并没有很大的吸引力，故而无需过多旅游服务设施和景观改造，但能够与其他旅游景观相互补充，实现共同发展。

7. 农事体验型

农事体验型园区，凭借田舍、果品和田园风光，吸引大量游客。市民们通过"吃农家饭、品农家菜、住农家屋、娱农家乐、购农家品"，文化生活得以丰富，能够拥有良好的体验。

项目：生产队园区。

（三）B市观光休闲农业园区的景观特性

B市观光休闲农业园区规划设计，以传统文化为内涵，以休闲、观光、科普为载体，因地制宜、适地适树，在充分利用乡土树种和当地材料的基础上，打造明快、淳朴、优美的园林景观。在这里，游客不仅能愉悦身心扩大知识面，还能唤醒内心的生态环境保护意识，共同营造一个人与自然、人与社会、人与人和谐相处的人文和自然景观。

五、观光休闲农业园区规划建设启示

（一）从城市化进程的角度

随着城市化的迅速扩张，使市区边缘的农田景观的演变存在更多的不确定性。一方面，农业园区的用地需要满足未来城市分配土地资源的需要，向专业化转变，提高自身的附加价值；另一方面，自然环境应当保留"原始野性"因素，以体现独特性。在规划设计的过程中，农业用地需要与城市绿地系统相结合，成为城市景观的绿色系统的重要组成部分。

城市化现象，并非简单的城市景观扩散到农村的过程，城市扩展、缓解城市功能和提高市民生活的水平和质量必须在保持农田景观应有的规模和乡村风光特色的前提下进行。

（二）从旅游业发展的角度

随着我国社会经济的发展，国内旅游业也在如火如荼地进行，朝着观光、度假和专项旅游方向发展，观光、旅游和度假已然成为我国的三大旅游亮点。在这样的时代背景下，当代人更青睐现代化休闲模式，传统静态模式地位受到冲击，旅游活动呈现多样化、专业化和高度参与性的特点。

观光休闲农业园区设计，应当坚持人文与自然相结合的原则，在尊重现有土地的基础上加以利用，在与城市"对话"的过程中，推动整个生态系统各个要求的融合，创造出新的空间环境价值和人文价值；将传统农田景观与农业观光园区建设结合起来，在为当地农民创造更多经济收入的同时，也能打造环境优美的休闲、游玩场所，推动城市绿色产业结构的调整，实现生态效益和经济效益的完美融合。

第二章　景观规划设计的要素与方法

第一节　景观规划设计的基本要素

一般来说，景观规划设计基本要素分为自然要素和人文要素，前者是构成景观的自然因素，后者是在人的意志下塑造的"第二自然"。自然因素包括土壤、植物、水、山石等，人文因素包括景观建筑、小品、铺地、桥梁和工程设施。这些因子好比生活中的食粮，都是不可或缺的。

1. 土壤

在景观环境中，土壤指不同厚度的矿物质成分组成的疏松物质，各种微粒组合形成间隙各异的土壤形式，间隙中含有空气、水分等元素。植物以土壤为生存基础，从中获取养分，以保证自身的生长发育，发育效果和分布受到土壤厚度、机械组成和酸碱度等因素的影响。一般来说，土壤厚度决定其水分和养分含量；酸碱度影响矿物质养分的溶解转化和吸收，对植物种子的萌发、苗木生长、微生物活动都有影响。像酸性土壤会增加金属化合物的溶解度，植物会受损；碱性土壤会导致植物缺乏铁、锌等元素，从而影响其光合作用。对于一个良好的景观环境下的土壤而言，应具有优良的疏松、肥沃、排水、保水性能，其富含一定的腐殖质和适当的酸碱度。

2. 植物

从景观规划设计层面出发，根据外部形态，植物有乔木、灌木、藤本植物、竹类、花卉、草坪之分。

3. 水

水是生命之源，其对地球上任何生物而言都是至关重要的。

4. 山石

作为景观设计的重要组成部分，山石对构景起到关键作用，具有良好的观赏价值，陶冶游人、带给人们精神上的愉悦。在大自然的鬼斧神工下，山石的形态千姿百态，因其丰富的内涵被广泛运用到现代景观设计当中。

5. 景观建筑

作为关键的人文要素之一，景观建筑满足人们多样化需求，对组成游览路线、组织风景画面等起到重要作用。

6. 小品

景观小品，指具有休憩、装饰、照明、展示功能，且便于管理和使用的小型建筑设施，分布广、数量多。

7. 铺地

铺地是构建的一个重要因素，在组织和使用地面、完善和限制空间感受等美学和实用功能方面都起到不小的作用。

8. 桥梁

作为立体交通的设施之一，桥梁在景观空间构成中发挥着分割空间、点缀风景的作用，往往能呈现出一种空灵、通透的景象。事实上，一座造型优美的桥梁，自身就是一处美景。

一、地形与植物

（一）景观规划的地形要素

景观地形，指形状各异，起伏不定的地貌。在规则式景观中表现为地坪、层次；在自然式景观中，表现为平原、丘陵、山峰、盆地等。微地形是起伏幅度最小的地貌。

在整个景观规划设计中，景观地形扮演"基底"和"骨架"的角色，其布置的恰当性对其他要素设计有重要影响。在我国古典景观环境中，常常将对比强烈、复杂多变的山水地形作为主要的空间环境风格表现形式。

1. 地形的类型

（1）平地。根据地面材料，平地分为土地面、沙石地面、铺装地面、绿化种植地面。一般保持 0.5%～2%的坡度，以便排水。

（2）坡地。根据倾斜角度，分为平坡、缓坡、中坡、陡坡、急坡。

（3）山地。山地坡度较大，包括自然山地和人工堆山叠石。

2. 地形设计的一般原则

景观地形在设计的过程中，在遵循"适用、经济、美观"总原则的同时，还需要坚持以下原则。

（1）因地制宜，自成天然之趣。采用"利用"为主的原则，根据造景和功能需要对自然进行适当改造，以降低成本、保护生态。

（2）正确把握景观环境中地形与周围环境的关系。不同的景观地形之间是相互联系的，设计过程中应当与周边环境视为一个整体看待。当周围环境较为封闭或规则严整时，地形起伏需要控制在一个较小的范围内。

（3）满足各种使用功能的要求。作为能够开展各种科学、文化、娱乐等活动的景观环境，对地形有着多样化的要求。

（4）满足景观要求。在设计地形时，应根据地形组织空间，创造效果各异的立面景观效果，借助山坡地将景观空间划分为各种空间类型，使景观错落有致、富于变化。另外，景观地形的设计应当尊重自然规律和满足艺术化需要。山坡角度在自然安息角以内，坡度最好南缓北陡，山水之间相依相抱、水随山转，从而构建一幅优美、恬静的景观画面。

（5）满足景观工程技术的要求。地形设计应当充分利用现代工程技术，以确保设计的长期性、安全性。

（6）满足植物种植要求。不同类型的植物，适宜不同的地形，丰富的植物能够净化空气、美化环境。一般来说，低凹的地形，可挖土堆山，抬高地面，以供乔、灌木的生长。利用地形坡面，创造一个相对温暖的小气候环境，满足喜阳植物的生长要求。

（7）土方尽量平衡。在地形设计时，应当进行全面调研和分析，对设计方案进行整合、优化，以最大限度减少土方工程量，缩短运距，从而降低人工、运输等成本。

3. 景观地形的设计

（1）充分利用原有地形。不同的地形坡度，设计不同的景观内容，在现有地形的基础上适当改造，以丰富景观内涵。如借助环抱的土山或人工土丘挡风，创造向阳盆地和局部小气候，以阻挡风雨的侵袭；合理利用起伏地形，设置障景，以吸引游客；以起伏连绵的土山代替景墙，形成隔景。在地形改造的过程中，应根据构景和供各类活动使用的需要进行设计，打造良好的自然排水系统。在改造时应当与总体布局同步进步，以确保效果。

（2）考虑地形与排水对坡面稳定性的影响。一般来说，过于平坦的地形易积水，对土壤、植被、建筑、道路都会产生不好的影响。对此，需要让地形有一定起伏，安排分水和汇水线，提高地形的排水效果，以避免积涝，或因修筑过多人工排水沟渠影响美观。

（3）考虑坡度的影响。地形坡度，对地表径流、坡度稳定性，乃至人类活动都有不小的影响。当地形坡度小于1%时，不宜安排活动，需加以改造；当坡度在 1%～5%，适宜大多数内容，无需改造地形。然而，如果同一坡度过长，易形成地表径流，易积水；当坡度在 5%～10%时，适宜用地范围不大的内容，排水效果良好；当坡度大于 10%时，仅能稍加利用部分地形。

（4）建筑、植物、落水等景观以地形为依托。以北海濠濮间为例，其建筑依山而建，不同的角度视线观察到的景色各异，构成了一幅立体的壮阔景观。其根据地形的高差建造的水瀑布，自然感十足。一方面，这种地形视线开阔，是观景的佳地；另一方面，这里延伸性极好，也是造景宝地。另外，当高处景观达到一定的体量时，能产生一种控制感。如佛香阁在昆明湖的映衬之下，象征着至高无上的君权。

一般来说，地形较周边环境较低时，视线容易受阻，有一定的封闭感，封闭程度受到景观高度的影响。在这类地形中，低凹处能聚集视线，是不错的造景地形，将地形做成几何形体，能够增强视觉效果，同时具备一定的实用功能，满足游人多样化需求。

4. 地形山石造景设计

置石和堆山是主要的山石造景方式。置石，通过对山石材料的局部组合来造景，形式多样。堆山，具备完整山形，规模较大，有土山、石山等材质。比如，由山堆叠成的磴道、护岸等，观赏价值较高。

（1）石头的类型。我国幅员辽阔，有着极为丰富山石资源丰富，形状各异、特色鲜明，不同的地区都有自身独有的石材。现阶段常用的天然石材见表2-1。

表2-1　常见的天然石材种类

石材	岩类	颜色	特点	分布
湖石	石灰岩	青黑、白、灰	细腻、表面多涡洞	江浙一带
黄石	细砂岩	浅黄	材质较硬、轮廓分明	江苏常州一带
英石	石灰岩	青灰	涡洞互套、褶皱繁密	广东英德一带
斧劈石	沉积岩	浅灰、深灰、黑、土黄	纹理形状多样、外形挺拔	江苏常州一带
石笋石	竹叶状灰岩	灰绿、土红	眼窝状凹陷	浙、赣常山、玉山一带
千层石	沉积岩	浅灰	自然、多姿	江浙皖一带

（2）特置。特置造景手法常常借助少许形体优美的石峰作为主体点缀庭院空间，以突出重点，特置的石峰有主次之分。

在传统园林中，太湖石是特置手法常用的石种，有"透""漏""瘦""绉"的特性。"瘦"，指壁立当空，孤峭无倚，具有伸展的瘦长体形、清秀挺拔；"透"，指水平间嵌空多眼，此通于彼，彼通于此；"漏" 是石上有眼，贯通上下。"透"和"漏"能够营造一种孔窍通达、玲珑剔透之美。"皱"，指脉络起隐，纹理纵横，面多坳坎，凹凸不平。"皱"它与古代中国山水画中的"皴"相对应，皴是艺术领域中的皱，皱是现实领域中的皴。

（3）散点。散点用石要求较特置低，常用石种有黄石、湖石、英石、黄蜡石、花岗石等，散置于路旁、林下、山麓、台阶边缘、建筑物角隅，根据地形，栽植植花木。散点布置得景观有聚有散、有断有续、主次分明、高低曲折、顾盼呼应、疏密有致、层次丰富。

（4）峭壁山。峭壁山靠墙布置而成，常用于园林景观的设计，或嵌于墙内或逼近墙面，从而形成的一幅古朴的画面。

（5）堆山。堆山可以设计成空间核心。一些空间有限的庭院，通过与山石的对比营造"咫尺山林"的气氛，像故宫乾隆花园的院落。空间较大的庭院，即便峰岩嶙峋，只要脉络分明，就不会有凌乱之感。

此外，山石还有分隔空间的妙用。通过山石将空旷、单调的大型园林空间分割成若干小空间，以丰富游人的体验。以山石隔开的空间，各空间互相连绵、养延伸，能够不着痕迹从一个空间进入另一空间。

以山石为界面，打造园林空间。像南京瞻园，它的后部庭院空间有一半以人工堆叠的山石为界面围合而成，在展示人工美的同时，富有自然情趣。北海濠濮间主要庭院空间位于建筑群之北，南面大多是以人工堆筑的山石为界面，自然情趣浓郁。在空间有限的苏州环秀山庄中，借助山石堆叠，使山池萦绕，蹊径盘回，给游客带来曲折不尽和变幻莫测之感。

5. 地面铺装设计

景观铺装材料，指具有硬质的自然或人工铺地材料，根据一定的形式铺于室外空间的地面上，在建成永久的地表的同时，满足设计需要。一般来说，常见的铺装材料有砂石、陶瓷砖、条石、水泥、沥青等。

（1）铺装材料的功能。与一般的景观设计要素一样，铺装材料具有良好的实用价值和美学价值，其大部分功能一同出现，并在与其他设计要素配合使用过程中得以体现，具体功能如下。

① 高频率的使用。铺装材料的地面，能经受长期践踏磨损，不会损伤土壤表面层的特性。

② 导游作用。当地面被铺成带状或线形时，可以为游人指引方向，表现形式多样。如铺装材料通过引导视线，将行人或车辆吸引在多个目标中进行转移；当条带状铺面以草坪或乡村田野为背景，能够为人们指示正确的行进方向。铺装材料的线形分段铺设，除了影响游客行进方向

之外，还能潜移默化地影响游人观赏感受。

③ 表明游览速度和节奏。铺装材料的形状，对游人行进速度和节奏有一定的影响。一般而言，当铺装的路面足够宽敞时，行人驻足的时间就会相对较长；反之行人便只能向前走，鲜有机会停下脚步。此外，铺装地面的间隔距离、接缝距离、材料的差异、铺地的宽度，对线性道路上游人的行进的落脚处和步伐大小也有影响。

④ 提供游憩场所。当铺装地面较大且无明确方向性形式出现时，此时它相当于一个静态停留区域，常被游客视为暂时休息、放松的空间，也可以被当作景观交汇中心空间。

⑤ 对空间比例的影响。铺料的大小、形状、间距，对视觉比例都有影响。当铺装地面形体较开展时，尺度感相对宽敞；形状较小则空间更有压缩感。砖或石条形成的铺装形状，多被用于大面积水泥或沥青路面，以作为视觉的调剂。在原装铺面增加额外铺装材料，形成了一个更易被感知的副空间。在铺设对比性材料时，应当考虑其色彩和质地。当材料的形状越显著、差别越大时，对比越强烈，更容易吸引游人。

⑥ 统一作用。铺装地面能够促使设计的统一协调。由于各种景观因素在尺度和特性存在差异，但在共同铺装的过程中便建立起有机的联系，以独特的形状让人识别和记忆。

⑦ 背景作用。铺装地面能够为其他景物充当中性背景的作用，像雕塑、陈列物，此时的铺装材料以简单朴素为主，以免喧宾夺主。

⑧ 构成空间个性。在景观设计中，铺装地面有利于增强空间个性。对于不同的铺料和图案而言，它们带给游客的空间感是截然不同的。一般来说，方砖赋予空间温暖亲切感；有角度的石板营造轻松自在、不受拘束的氛围；混凝土则给人冷清、生硬之感。

（2）常见的铺装材料。

① 松软的铺装材料，这是一种砾石及其他变异材料。砾石，价格便宜，形状、大小和色彩各异；可呈整体，也可呈散碎状。整石块多圆润

光滑的；碎石棱角分明，边缘清晰，不超过 5 cm。砾石有纯白和纯黑，褐色和灰色之分。

② 块料铺装材料，如石块、条石、石砖、砖、瓷砖。其中，石块不同于人工制造的材料。具体分类如下。

● 天然散石。这种石块多以单体的形式存在，未经打磨，在大小和形状具有不规则性。

● 卵石。在流水的冲蚀下形成的圆滑石头，河流中十分常见，利用砂浆可使其黏结成一个聚合体。

● 扁卵石。在流水的冲蚀下，扁卵石也常呈现圆形状，但总体形状仍然趋于扁平。

● 石板。一种具有层次，相对厚薄的片石。它能够加工成各种形状，是一种相对光滑、匀称的材质。直角石板适宜布置在城市景观中，不规则或多边形石板多用于点缀自然环境。

● 砖。相比于多样化的石料，砖料也有独特的设计特点，多呈现暖色调和泥土色调。砖料自身或与其他材料的组合，因其独有的色彩吸引游人的目光。它可以铺在沙、灰土等软基础上，也能铺在混凝土等硬基础。

③ 黏性铺装材料。在景观设计中，混凝土有"现浇"和"预制"两种方式。现浇，指液态的混凝土根据现场的具体形状而浇注；预制，预先浇注成一定的形状和各种标准尺寸的构件。

④ 生态铺装地面材料。各种透水混凝土砖砌块地面，在保持水土透气和维持土壤环境方面有重要作用。

（3）台阶设计。台阶由一系列水平面构成，有利于让人们在斜坡上保持稳定。台阶只需相对短的水平距离便能完成一定的垂直高度变化，在狭小的园址中有独特的优势。台阶对建造材料并无硬性要求，适用一切场合。除了适应坡度变化外，还有着其他作用。

在景观设计中，一组台阶的升面的垂直高度应保持一个常数。长串

的台阶为了降低单调感，可以加设平台，还能给予游人适当的休息空间，以便游人有继续攀爬的念头。

此外，台阶还能作为非正式的休息处，尤其是在人流量大，加上休息设施有限的空间，效果显著。此外，当台阶设置得体，它往往会成为不少观众理想的露天看台。

（4）坡道设计。坡道是便于行人在景观自由穿行，是无障碍区域设计必不可少的要素，在设计中应注意以下事项。

第一，坡道的倾斜度最大比例不超过 1/8。

第二，坡道两边应有 50 mm 高的道牙，并配置栏杆。

第三，坡道一般设置在主要活动路线上，以方便游人。

第四，坡道的位置和布局应尽快决定。

坡道是总体布局中不可或缺的协调要素之一，现阶段，设计师常常将坡道与台阶结合起来，进行景观创新设计。

（二）景观规划的植物要素

1. 景观植物类型（见表 2-2）

表 2-2　景观植物类型

景观植物	特点	功能
乔木	体型高大、主干明显、分枝点高、寿命长长	是景观环境的主干植物，有良好的实用功能和艺术价值
灌木	没有明显主干，呈丛生状态	① 屏蔽不良景观 ② 作为乔木和草坪的过渡植物 ③ 艺术价值高
藤本植物	茎蔓细长、需依附于其他物体	占用土壤空间小，功能和艺术效果高
竹类植物	浑圆有节、皮翠绿色	像紫竹、碧玉竹都有良好的美化效果
花卉	姿态优美、花色艳丽	① 观赏价值高，多用于花坛、花镜、盆栽布置 ② 防尘、减少地表径流、防止水土流失 ③ 杀菌、提取香精
草坪植物	尺度小、质感细腻	用以覆盖地面、起到环境绿化作用

2. 植物在景观中的功能（见表2-3）

表2-3　景观植物功能

效益	功能
生态效益	① 净化空气、水体 ② 吸收空气有害物质、调节大气温湿条件，改善城市局部气候 ③ 减少噪声污染、防灾避免
社会效益	① 美化城市环境，提升城市形象 ② 作为休闲、游憩、科学文化活动场所
经济效益	像果树、香料树、药用植物都能带来一定的经济效益

3. 植物配置形式（见表2-4）

表2-4　植物配置形式

形式	内容	用途
孤植	指乔木或灌木的孤立种植类型，为了突出树木个体美，常选择枝条开展、形态优美、轮廓鲜明、寿命较长的树种	一般用于作为构图艺术或景观环境庇荫和构图艺术相结合的孤植树
对植	指根据一定的轴线关系，两株相间式相似的树以对称形式种植；一般选择树冠整齐的树种，在自然式种植中选择进口栽植和诱导栽植	多布置在公园、建筑、广场出入口
丛植	由多株同种或异种乔木或灌木、乔木组合形成的栽植。栽植时，要把握株间、种间关系，做到整体适当密植，局部疏密有致；一般选择阳性与阴性、快长与慢长相结合的、稳定的树丛	① 可作自然植被、草坪 ② 配置山石或台地
群植	由乔木、灌木混合栽植而成	布置在足够开阔的场地上，树群立面的前方要求在树群中有明显的高度和宽度，以供游人欣赏
列植	乔木、灌木按一定株行距成排成行种植，树种较为整齐、气势大	多应用于道路广场、居住区、工矿区
林植	成片、成块大量栽植的林地和森林景观	应用于公园安静区、风景游览区、疗养区、卫生防护林带等

4. 植物配置方法（见表 2-5）

表 2-5　植物配置方法

植物类型		配置方法
花卉	花坛	在一定范围内按一定图案栽植的观赏类植物，以展现花卉的群体美；一般配置在建筑广场中央或道路交叉口，由花架形成的绿化空间；宽在 1 m 以上，长度是宽度 3 倍以上的带状花坛多用于道路两侧、建筑物墙基的装饰
	花镜	由多年生花卉组成的带状景观，是一种半自然式种植形式；多选用观花灌木和多年生花卉，以保持四季的美观，展现植物的自然美和群落美；单面花镜根据"高在后、矮在前"原则布置在道路两侧，或建筑、草坪四周；双面花镜根据"高在中间、矮在两侧"的原则布置在道路中央，高度不宜超过游人视线
草坪		① 草坪的立意：草坪立意，指以植物配置体系草坪空间设计意图；不同的立意，产生的艺术效果是截然不同的；像山景草坪能够增强山林气氛，水景草坪能创造水景气氛；一个开阔的草坪，往往能带给游人轻松、舒适的体验 ② 林缘线处理：林缘线的曲折能够组织透景线，增加草坪景深效果；不同高度的树木配置，使得林冠线有起伏，从而产生较好的艺术效果
水景植物	水边植物	水边植物材料要求具有良好的耐水性，且符合植物生长规律；在水边栽植特色树木，像红枫、樱花等，利用花草镶边与湖石结合配置花木，进而丰富水边色彩；水边适宜配置群植，同时注意植物配置与周边环境形成的林冠线。水边种树，多选择高大乔木，以构成有主景、层次的景观；水边植物配置注意由远有近，立面轮廓线要错落有致，植物色彩服从整体水面空间立意，像垂柳、海棠、芭蕉等都是不错的选择
	水生植物	一般选择生长迅速、适应能力强的树种，像藕、水浮莲等

二、水体与道路

（一）景观规划的水体要素

在景观设计中，水体是一个重要构景要素，有利于营造环境优美、生态宜居的空间氛围。一般而言，水体有点、线、面三种形态，三者结合能创造出形式各异的景观。东方景观多为自由组合型，西方多为几何组合型。

1. 流水

在景观设计中，水流通常成狭长形带状，蜿蜒流动、富于变幻。为了显示出河流的幽静深远，其水流的形状多是线形或带状，河流与前进方向平行，空间应狭长，水岸线也要弯曲，并运用灯光、植物等提供明暗对比的空间，注意跌落距离与高度的改变，以营造音乐般的效果。

想要表现水流的跃动感，则要求水体有一定的坡度。一般来说，水体突然变窄会产生湍急的水流；水体变宽，水流缓慢、平稳、安静。河床的凹凸不平，高低起伏，能引起流水急缓变化，从而产生不同的景观效果。在流水景观设计中，应综合使用各种置石方式，以确保效果。

2. 静水

静水，一般指成片状的由水流所汇聚的水域，以湖、海、潭、泉等的形态存在。静水环境安详，充满动感，意象丰富。静水流平静的水中可以倒映出周围的人事物，从而增加了空间的层次感，观赏价值也较高。同时，静水能反映出了周围的四季风光，从而体现了空间的变化；静水深流在微风的吹拂下显示动态优美，在灯光照耀下则显示为波光粼粼，色彩缤纷。

池水景观的尺度原则是"宜小不宜大、宜简不宜繁"，条件允许可在水中栽植水生植物或放置浮岛，在岸边宜种植鲜艳的植物。

3. 落水

落水有瀑布、跌水之分。瀑布，指水体从悬崖或陡坡上倾泻下来，形成的水体景观，主要由背景、上游水源、瀑布口、瀑身、瀑潭、观景点、下游排水等要素组成。

瀑布口的形状对瀑身的形态和景观效果有重要影响。当出水口平直，则跌落的水形也较平板，动感较少；当出水口平面形式曲折，有进退的变化，立面又高低不平，则跌落下来的水就会有薄有厚，有宽有窄，有

利于活跃瀑身水的造型。从出水口开始到坠入潭中为止的这段水称为"瀑身",是主要的瀑布欣赏部分。瀑布的气质受到岩石的种类、地貌的特征,上游水量和环境空间的性质的决定,不同类型的瀑布,观赏点的设置也有所区别。比如垂直瀑布以仰视为好,观赏点宜近;水平瀑布以平视为佳,观赏点宜远。

爆潭,指瀑布上跌落下来的水,在地面上形成的深水坑。此处应布置规模、形状各异的岩石。跌水,是在瀑布的高低层中添加一些障碍物或平面,使瀑布产生短暂的停留和间隔,从而带来更大的声光效果。合理的跌水不宜过度人工化,应模仿自然界溪流中的跌落。

4. 喷泉

喷泉由水源、喷水池、喷头、管路系统、灯光照明和控制系统等组成。

喷泉的喷头嘴形和喷头的平面组合形式直接影响喷泉整体效果。随着科技的进步、工程技术的成熟,喷泉有球形、扇形、蒲公英形等多样化的造型形式。喷泉的平面组合需结合水池环境的平面形状进行景观设计,能够喷射优美的水形。喷泉有音乐、激光等多种形式,北方冬季气温低,为避免喷泉无法喷射的情况,还发明了隐蔽式喷泉,将喷水设施布置在地方,以保证美观。

(二)景观规划的道路要素

1. 道路景观功能(见表2-6)

表2-6　道路景观功能

功能	具体表现
组织交通	能够集散人流、车流,满足日常交通管理要求
引导游览	组织景观的开展和观赏程序
组织空间、构成景色	有分景、组织空间作用

2. 大道路景观类型（见表 2-7）

表 2-7　道路景观类型

道路类型	配置方法
主要道路	在道路两旁做好绿化工作，城市公园的主要道路宽度在 4～6 m
次要道路	城市公园的次要道路宽度一般在 2～4 m，要求能通过小型服务车辆
游憩小鹿	用于游人散步，以便引导游客到达各个角落

3. 道路景观设计原则（见表 2-8）

表 2-8　道路景观设计原则

原则	内容
交通性、游览性	景区的交通功能从属于游览需要，并不完全以捷径为原则
主次分明	要求道路系统主次分明，以免游客迷失方向，主要道路的景观应当尽可能给游人留下深刻印象
因地制宜	景观道路系统形式取决于景观地形地貌，主要道路呈带状，主要活动设施和景点沿带状分布，路网安排以环形为主，以方便游客
疏密结合	整体上来看，道路设置不宜过密，以免景观过于破碎
交叉口的处理	① 避免交叉口过多，使导游方向明确 ② 两条主要道路相交应尽可能采取正交 ③ 如两条道路成锐角斜交，锐角不应过小 ④ 两条道路成丁字形交接时，交点处可布置道路对景
与建筑的联系	靠近道路的建筑多面向道路，采用加宽道路或分出支路的方式与建筑相连；在人流集中的建筑中，设置较多的后退道路，在靠山的建筑，借助地形分层入口，便于人们竖向穿越建筑

三、建筑与小品

（一）景观规划的建筑要素

1. 园林建筑功能

（1）满足功能需求。园林建筑形式多样，但基本都是供游人休

憩、游玩的，其主要功能在于满足人们休闲、文化、娱乐活动的需要。

（2）组织游览路线和组织风景画面。一方面，在以自然风景为主的外部空间，园林建筑与风景布局相配合，形成游览路线，向游人展现一幅幅生动、活泼的自然风景画面。园林以体量较大的建筑作为主景时，往往能营造一种"控制""统帅"的氛围。另一方面，在以建筑为主的内部空间中，通过建筑、廊、栏杆等组合而成的内部活动路线，以满足景观功能和艺术的要求。

2. 常见的景观建筑

（1）亭。在园林景观中，亭的布局十分灵活，可独立而设，也可依附其他物体，在与山石、水体、树石的映衬下创造出恬静、优美的意境，带给游客身心上的愉悦。其具体布置方式见表 2-9。

表 2-9　亭布置方式

布置方式	内容
山上建亭	① 一般选择在山巅、山腰、山洞洞口等位置，形成一种山景 ② 列亭于山顶的俯瞰山下景色，列亭于山坡可作背景
临水建亭	在岸边、水中小岛、桥梁等处建亭。凸入水中或临于水面之上的亭，常立于岛、半岛或水面石台之上，以堤、桥与岸相连；完全临水的亭，应尽可能贴近水面，不宜用混凝土柱墩把亭子高高架起，以免比例失调。在设计过程中，亭子下部的柱墩缩到凸出的底板边缘的后面，去营造亭漂浮于水面的景象
亭与植物	亭与植物的结合，能渲染气氛，赋予环境生动之感，观赏价值高
亭与建筑	① 亭与建筑相连：亭和建筑构筑成完整的景观形象 ② 亭与建筑分离：亭作为独立个体存在，亭列于建筑群轴线两侧，营造庄严之感；列亭与建筑群一角，营造活泼、生动之感
此外，亭还能与密林、庭院、花林、草坪等景观相结合	

（2）廊。廊的造景功能、类型、设计分别见表 2-10、表 2-11、表 2-12。

表 2-10　廊造景功能

功能	内容
联系功能	廊使得各景区、景点有序；与单体建筑形成有机整体，主次分明，在园林中起着"线"的作用
分隔、围合空间	廊将开辟空间围绕，在开朗中有封闭、热闹中有宁静，丰富空间情趣
组廊成景	廊与自然融为一体，展现人工与自然的结合之美
实用功能	① 廊适用于展览用房，像金鱼廊、画廊等 ② 防日晒、雨淋，供游人休息、观赏 ③ 是交通联系的通道，也是室内外联系的"过渡空间"

表 2-11　廊的类型

类型	内容
平地建廊	① 多建于草坪、休息广场、大门出入口，或与建筑相连，常采用"占边"的形式布置 ② 平面建廊能够作为设计导游路线依据，有利于增强空间层次感，往往被用于空间划分手段
水上建廊	水廊一般供赏水景或联系水上建筑之用，有岸边和凌驾水上两种形式；岸边水廊，廊平面与岸边贴近，在水岸自然曲折情况下，能够顺应自然之势，与周边环境融为一体，让人有置身水面之感，趣味盎然
山地建廊	供游玩、观景及联系山坡上下建筑物，同时丰富山地建筑空间景观

表 2-12　廊的设计

设计类型	内容
平面设计	直廊、弧形廊、曲廊、回廊及圆形廊
立体设计	悬山、歇山、平顶廊、折板顶廊、十字顶廊、伞状顶廊

在具体设计过程中，应注意以下几点。

① 多选用开敞、轻巧玲珑的造型，以开阔视野；通过加大檐口，以便隐私需要；用漏明墙开敞视线。

② 在细部处理方面，设挂落于廊檐，在廊柱之间设矮墙，上覆水磨砖板，供游人休憩之用。

③ 廊的吊顶：传统式的复廊、围廊、吊顶常采用各式轩的做法。但这在当代园廊中较少见。

（3）榭。指有平台挑出水面观览风景的园林建筑。目前以水榭居多，体形扁平，近水有平台伸出，可设休息椅凳，以便倚水观景。

（4）舫。以"湖中画舫"为意境，运用联想使人有虽在建筑中，犹如置身舟楫之感。

（5）厅堂。厅堂是园林中的主要建筑。

厅堂有一般厅堂、鸳鸯厅和四面厅之分。鸳鸯厅是在内部用屏风、门罩、隔扇分为前后两部分，但仍以南向为主。四面厅，四周为画廊、长窗、隔扇，不做墙壁，可以坐于厅中，观看阳面景色。

（6）楼阁

阁是园林中的高层建筑，与楼效果类似，方便游人登高望远、游憩赏景，现代园林中所建的楼多为茶室、接待室等。

3. 园林建筑设计原则（见表2-13）

表 2-13　园林建筑设计原则

园林建筑设计原则	内容
满足功能要求	① 景点游憩建筑：环境优美、景观资源丰富 ② 服务建筑：交通方便、容易被找到 ③ 阅览室、陈列室：环境幽静之处 ④ 人流集中的主要建筑：靠近主要道路 ⑤ 管理建筑：设有单独入口，管理方便，多设在僻静处
满足造景要求	① 合理选择基址：基址对环境、景观影响重大，必须慎重考虑，或列于山顶或水边或山间 ② 注意室内外的融合：确保空间的错落有致、富于变化，如将室外园林植物引入室内，形成内部景致

（二）景观规划的小品要素

景观小品，指供休息、装饰、照明、展示和为管理及方便游人使用的小型设施，具有体量小巧、造型别致等特点，强调"适用得其所"，在美化环境、增添趣味，便利游人活动等方面具有良好效益。

1. 景观小品类型（见表2-14）

表2-14 景观小品类型

类型	例子
休息用小品	座椅、凳、遮阳伞，以供休息和避阳用
装饰用小品	花钵、饰瓶，装饰类香炉、水缸
照明小品	景观灯的基座、灯具
展示用小品	布告、图板、说明牌
服务用小品	卫生间、饮水泉、废物箱

2. 景观小品设计原则（见表2-15）

表2-15 景观小品设计原则

设计原则	表现
立意其趣	在构景中做到自然景观与人文景观的结合
合其体宜	科学选择布局位置，做到得体、合宜
取其特色	将小品特色融入景观环境
顺其自然	不破坏原有生态风貌
求其因借	通过设计简练的小品，丰富景观内涵
饰其空间	利用小品的灵活性丰富空间
巧其点缀	强化突出的景物
寻其对比	将差异显著素材结合起来，彰显独特性

第二节 景观规划设计的具体方法

一、景观规划设计方法

（一）景观空间排序

景观规划设计方法，在了解设计要素的基础上，对景观设计手法进

行整理、总结，通过将规划设计过程分成若干环节，以确保设计效果。

根据空间形式，景观空间分为二维平面空间和三维立体空间，在设计的过程中应当将二者综合考虑，同时进行设计，只有这样才能更容易达到预期的设计效果。

景观空间排序，指景观规划设计的空间问题，即建筑领域的空间概念问题，在自然界中看不见、摸不着，相当于被实体包围的虚体，是地面、顶面和四周墙壁包围的空气部分。

在景观规划设计中，景观空间强调实体与实体相联系的虚体环境，这个环境包括物质和人文因素的生活环境，是建筑环境的特殊表达形式，是能够表达特定文化、历史和社会活动的场所。在具体设计时，空间应当融入物质和人文因素，从宏观的角度进行。

1. 空间围合

空间围合是空间基本属性。空间形式的性质会影响设计者的设计体验，把握空间围合关系，能够带来不同的设计灵感。本节探讨的"空间围合"的"空间"指相对单一的场所。

围合，指包围、闭合。空间围合，对空间进行一定范围的包围，以达到闭合效果，在空间限定中扮演重要角色。景观的空间围合，能够根据设计的需要，对场所加以调整，采用相应的围合方式营造特定氛围。一般来说，空间围合方式可以根据水平面和垂直面空间关系划分，具体如下。

（1）水平面空间围合关系。水平面空间围合表现在对总体布局和基础面的设计中，关系相对简单。当平面布局范围被限定后，其空间领域也被确定下来，空间围合的大体形态也被传达出来。通常情况下，围合方式和手段取决于垂直面围合形式，但也有例外情形，如平面借助材质和色彩完成了对空间的围合，这利用的是虚拟空间设计理念。像车道的斑马线，使得斑马线范围内被人们普遍认为是一个安全区域，有一种被保护感。

（2）垂直面空间围合关系。垂直面的空间围合是景观规划较为常用的一种设计方式，其限定的空间范围能给人直观、真切的体验，包括封闭式、半封闭式、开放式三类，具体内容见表2-16。

表2-16　垂直面空间围合类型

垂直面空间围合类型	内容
封闭式	一般出现在室内，利用四面墙体形成的完全闭合区域，往往带给人紧张、拘谨、安全的感觉；随着闭合空间的中宽度和高度的增大，封闭感会逐渐减弱；在景观设计中，封闭式空间作为快速通道或先抑后扬手法使用
半封闭式	采用一面或两面围合形式，十分灵活，借助高矮错落和虚实手段，极大丰富景观空间；我国传统园林景观的小窗常借助半封闭墙体阻挡视线，而小窗又是观赏到窗外景色的唯一途径，从而调动人们的好奇心
开放式	以一个实体面或由支撑关系结构围合而成，像游廊、亭榭，借助地面的升降能营造多种氛围感，这种围合方式有着宽阔的视线，能够给游人带来轻松、自由、愉快的体验。

（3）景观空间围合的构成。一般来说，道路、构筑物、设施小品、植物等都是景观空间围合的构成要素，具体见表2-17。

表2-17　景观空间围合构成要素

景观空间围合构成要素	内容
道路	道路围合能够借助地面铺设等方式，形成各异的空间体系
构筑物	像垛墙、花池等构筑物都有围合作用
设施小品	设施小品也是区分空间的一种惯用手段
植物	借助绿篱景观划分空间，能够营造较强烈的封闭感

2. 空间组合

空间组合，指两个或两个以上空间之间的组合关系，其功能和作用取决于在所处的空间位置，表明景观的重要性，设计方式灵活多变。基于空间组合具有反映景观功能的特点，可分为以下空间几种组合形式（见表2-18）。

表 2-18　空间组合形式

空间组合形式	内容
集中式组合	① 结构稳定，由一系列次要空间围绕一主空间组成；主空间尺度较大，次要空间功能、尺度一样，形成规整式的造型 ② 交通流线：辐射式、螺旋式
线式组合	① 由单体空间以串联的形式重复构成，每一空间有单独通道，空间的重要性往往借助尺寸和形式表现 ② 交通流线：曲线、折线
辐射式组合	兼具集中式和线式组合特征，由一主导空间和系列向外辐射线式空间组合而成，与周边景观交织在一起
组团式组合	由重复空间组成，重点位置和特殊意义往往需要采用一些特别的表现方式

3. 序列

序列，有"顺序""排列"之意。在空间环境中，人处于不断运动之中，在运动的过程中感受空间的存在。空间序列设计，处理空间动态关系，以连续性和时间性为必要条件，以人们在空间活动中感受到的精神状态为基本因素，以设计法则和艺术感为表现结果。

好比写文章，空间序列同样有起、承、转、合关系，设计过程实际上是一系列相联系的空间过渡的过程，是空间围合、空间组合的应用方式。不同的序列阶段，空间处理方式、所营造的氛围有所区别，但彼此相互渗透，组成了一个统一的、规范的有机整体。

景观空间序列构思过程就是在不同的空间建立有机联系的过程，构成形式取决于景观功能要求。我国传统园林的"柳暗花明""豁然开朗"等手法，都采用过渡空间将独立的空间联系起来，以丰富景观内涵。通常而言，一切空间过渡形式虽有所区别，但本质是一致的，应采用统一手法。

（1）空间的导向性。空间导向性，用以指导人们行进方向通过引导人们进入空间，并随空间布置行动，以满足人们多样化需求。一个良好的交通设计路线，往往通过标志性建筑传达信息。采用统一或类似视觉元素进行导向，能够让相同元素重复产生节奏。在设计过程中，应结合形式美学中韵律构图和具备方向性的形象进行导向设计，以引导人们的行动或吸引大家注意力。这是空间导向性主要设计手段。

（2）视觉中心。视觉中心，一定范围内引起人们注意的目的物，以便游人体会设计蕴含的丰富内涵和情感。在整体的空间序列设计中，导向性具有条件性，需要借助关键部位设置引起人们目光，这个关键部位就是视觉中心，能让整个空间序列达到高潮。在序列设计中，空间组织关系有对比、层次、虚实等表现手段，具体见表 2-19。

表 2-19　景观空间组织关系表现手法

景观空间组织关系表现手法	内容
对比关系	空间对比能让空间变得生动，一般体现在体量和形态方面；空间形态对比体现在像几何与自然图形、方与圆等构图形式中，以表明空间关系的属性值
层次关系	空间层次能够打破原有时空局限性，增强景观效果，从人从不同角度欣赏不同的景观
虚实关系	虚实关系是空间序列一种重要设计手法，运用得当，能够制定更完善的设计策略

（二）景观平面形式和构图

景观平面形式，决定着景观布局，包括点、线、面三部分。下面探讨点、线、面与平面形式之间的关系。

从物理角度看，点没有大小、形状之分，但却是设计语言的最小单位，具有形状、色彩属性，在设计中的许多步骤起到关键作用。

线是点移动的轨迹，表示界限和轮廓。在景观设计中，线作为界定区域、道路等分割方式使用。

面是线的围合体，也是点的集合。不同的面之间的组合与变化就形成了景观的平面形式与构图。由此可见，景观平面形式多样，但总的来看有以下几类组合形式。

1. 几何形体

几何形体，通过集合要素，在一定规律和比例下重复排列，将单一几何元素演变为饶有趣味、生动的艺术形式。

（1）直线形几何形式，这种形式细分为规则多边形和不规则多边形

① 规则多边形。在景观设计中，规则多边形因其中心对称的特点，在平面构图中能营造一种庄严、统一的气氛，多用于对称式或轴线式景观设计。这种构图方式可依据偶数边组进行延伸，使得构图显得生动、活泼。

② 不规则多边形。利用水平、斜线或垂直组成的不定形体，没有对称特点，因不确定性和随机性，使得设计的空间往往充满激情和特别的效果。

（2）曲线形几何形式

① 中心对称的曲线几何形式，像圆等完整形体由于自身的简洁性，聚合力较强，能够带给人们一种统一感，营造出平稳、严谨的空间氛围。

② 螺旋形，是一个由中心向远端旋转而成的形态，产生的效果较为强烈，将椭圆结合在一起，能够丰富景观的层次感。

总而言之，几何形式能够营造简洁、自由、圆润、秩序感，有着流畅、舒展的审美含义，增强了空间的流动性和方向性，对游人有着不小的吸引力。波浪形构筑的空间紧张感较为强烈，意义更加而丰富。像曲线内侧和外侧区域，所传达的意义就是截然不同的。

2. 自然形体

自然形体，在景观平面构图中表现为轴线和几何图案，需要结合当地地貌、水文，围绕某一特定元素设计，以表现自然的休闲、纯美。比如蜿蜒的曲线，十分柔和，能缓解人们心理压力，带给游人身心上的放松。

自然形体因其随意、休闲等特点，常被应用于休闲类和古代园林景观设计。自然形体构图方式，依据地形、水体而成，但仍然需要精心设计和策划一个完整的景观。

（1）地形。在构图中，当地形起伏较大时，应当结合功能和意象，坚持因地制宜的原则加以改造；当构图地形无显著特征时，需要根据周边环境加以修饰、装点，做到随意但不随便，赋予景观生动、活泼感。

（2）水体。水体包括自然水体和人工水体。前者自成一景，在设计中需配合其功能需求；后者借助不规则轮廓模仿自然环境状态，在平面构图中占据重要位置。

3. 分形图形

分形，指"破碎""不规则"，是具有一定意义的相似图形和结构的总称，长度特征不明显。比例自相似性是分形的重要性质之一，在一定标度范围放大分形的任何部分，不规则程度不变。分形图形，指由衍生而来的分形艺术图形，从整体来看是十分复杂的，整体和局部之间具有无限的自相似性，存在一种别样的美感。

在景观设计中，分形图形的延伸状态是景观可持续发展的前提，在场地预留和规划中意义重大，具体表现如下。

（1）有规律可循的"生长"状态的延伸，这类图形有对称轴线，可以是直线、弧线或者不规则线条，一般具有意象特征和美学特征，能够打破景观呆板的局面，激活空间。

（2）无规律可循的由相似元素连接而成的养生状态，像连续纹样。这类图形形态完整，连接方式灵活多样，不受轴线的制约，往往能够产生一种自然美，在构图的过程中需要精心设计、统筹规划，做到主次分明。分类图形的相似性，指形态相似，与尺度关联不大，能够赋予景观独特的层次美感。

整体和局面自相似产生的美，就是层次美感。在景观设计中，由于

空间尺度存在差异性，其客体会产生整体与局部、局部与局部之间的形态构成关系，形成一种层次美。但随着层次的增加，相邻层次间的相似关系也会带来迷惑感，因此在设计的过程中必须科学设计主要线路，并配以简单易懂的标识系统。

从总体来看，在景观构图中，分形图形能作为部分存在，也能充当整个沟通，以其独特的优势正逐渐被运用到现代各种景观设计。

（三）设计形式美的法则

形式美，从具体美虚步形式中抽象出来，是自然因素及其组合规律形成的审美价值符号体系，具有相对独立性、抽象性和符号性等特点。与审美观念范畴随时代发展而变化不同，形式美具有普遍性、必然性和永恒性。景观环境在设计的过程中，必须遵循相应的美学规律和法则。

形式美的法则，体现设计美学尺度，包括的细则较多，强调设计的整体性、各部分比例尺度关系、对比调和关系、均衡稳定关系等法则，这些法则隶属于变化统一的总体法则。

1. 变化与统一法则

不论哪种艺术形式，都必须遵守变化与统一这一总体法则，景观设计也不例外。重复、渐变等形式都体现变化与统一法则，在实现创新发展、确保设计效果等方面具有重要意义。纵观艺术发展史，如果不破除固有的形式，坚持创新发展，艺术创作就难有活力和生机。

景观规划设计实际上就是一个艺术自我创造、完善的过程，追求相同内涵表达，最终形成一个协调、完美的整体设计。统一景观规划设计的方法主要有以下几种。

（1）主次关系。在设计之前，要先确定一个主体要素，以便于对整个景观的掌控，这个要素要求在形式或色彩上具有强烈的冲击力，以吸引游客的注意力。像纪念类广场大多采用这种方式。

（2）形体关系。在景观设计中，若基本采用矩形形体元素，那么元素间内在的协调性就很难被破坏，具备较强烈的统一感。

（3）色彩关系。景观构图的色彩包括植物等自然色彩、材质色彩。室外景观设计势必使用到多种色彩，因此合理选择一种主导系色彩显得尤为重要，给观众带来一种统一感。

此外，景观设计在强调统一性的同时，还应当注重变化性，以便设计显得单调、呆板，甚至造成视觉上的混乱和空间序列的错位。坚持设计的变化原则，能够适当丰富景观内涵，但要注意适度。

2. 对比与调和法则

景观设计中的对比，指将色彩、材质的质与量存在明显差异的要素进行组合，从而产生一种强烈的感触现象的手法，包括面积对比、形态对比、虚实对比、疏密对比等。对比关系一般处理的是色调的明暗、冷暖；形状的大小、粗细；形态的动静等。

调和，是一种使构成要素的质与量方面具有统一感、安静和舒适感的构图手法，一般发生在两种或两种以上的要素之间，包括形态、大小、方向的调和，注意适度原则，以免过于单调。

一般来说，对比和调和法则有"大对比小调和""小对比大调和"之分，前者能够带来刺激、活泼的感觉，适用年轻等主题较具体的景观；后者能营造稳重、雅致的感觉，适用主题较广的景观。

在把握对比与调和的关系中，想要产生良好的视觉要素，就不宜过多使用对比手法，同时从整体的角度去考虑和分析，做到统筹设计，以增强景观的审美层次感。

3. 韵律与节奏法则

韵律与节奏最早用于表现音乐和诗歌的音调起伏，这与人们爱好节奏与和谐的本能存在密切的关联。

节奏，有规律的重复，让人产生匀速的动感，使得各设计元素的关系更加明确，产生一种有序的、理性的感知。

韵律，以节奏为基础，是节奏的深化和运用，更强调感性方面。根据形式特征，韵律有连续、渐变、起伏等类型。

（1）连续的韵律。以一种或几种要素连续、重复排列而成，要素之间有恒定的距离和关系，可无限连绵延长。

（2）渐变的韵律。当连续的要素在某一方面按一定的秩序产生变化，从而形成渐变的表现形式。

（3）起伏的韵律。渐变的韵律按照一定的规律时而增加，时而减少，从而形成起伏的韵律。

（4）交错的韵律。各组成部分按照一定的规律交织形成，相互之间关联制约，表现出一种有组织的变化。

节奏和韵律有强烈的连续性、重复性和秩序感，在景观设计中充当"骨骼"的构架作用，一方面获得视觉上的整体感，另一方面引导人的心理产生连续而有节奏的反应。韵律美在中西方园林景观中都有广泛的运用，带给人们韵律和节奏的美感。

4. 比例与尺度关系

比例，指一事物在长、宽、高度量方面的制约关系，表现在整体与局面、局面与局面之间。景观中的比例包括物体的大小、长短等，指这些要素在景观中的相互关系或与整个景观之间的度量关系。研究发现，当比例关系协调时，能给人们带来视觉上的享受，如著名的"黄金分割线"的运用。

景观设计的比例特征与于其功能内容、技术条件及审美观点存在紧密关系。是改善景观统一性和协调性的重要方式。然而，人们视觉尺度感知和透视原理的应用，使得比例的好坏难以用具体的数字限定。比例是形状、结构、功能、视觉体系的综合产物，想要确定适宜的比例关系，就需要进行全面、综合的考虑和分析，不能简单套用公式。

相比于涉及真实大小的尺度，比例表现各部分体量关系的比，是相对的。在注意比例与尺度区别的同时，还需要辨别尺寸和尺度的差异。

尺寸是物体真实的大小，尺度研究物体的整体或局部给人感觉上的大小印象和真实大小之间的关系。一个物体的尺寸和尺度通常是相同的，但是，由于设计手法和参照物存在差别，往往会出现不同的情形。当尺度和尺寸一致，说明物体的形象反映了实际大小；当尺度和尺寸不一致，表明物体形象采用某种手段隐藏了真实尺寸。

与人有关的物品，往往涉及尺度问题。在人们的潜意识中，对大多数物体有一个尺度概念，由于这种规范性意识的存在，当物体的尺寸发生变化时，人们在其参照下对其他物体的尺度就会犹豫，从而调动人们的好奇心。在景观设计中，尺度有自然尺度和夸大尺度。

（1）自然尺度。自然尺度，指环境自身的尺度感，如花木与人之间的尺度关系，使人们对花木尺度有一个规范性认识。

（2）夸大尺度。夸大尺度旨在凸显景观某些重要位置，或强调某种序列关系。通过借助其他正常尺度的物体来展示需要强调的物体，从而增强设计效果，达到设计目的。

（四）景观意象的设计

景观意象设计，指在符号学原理指导下，将形式和内容相结合的设计方式，建立在人们对景观空间主观想法基础上。一座城市的景观意象，是该城市的文化、人文特色的集中体现，意象包括"意"和"象"两方面。

"意"是城市物质空间形态构成在人们心中共同印象属于一种文化认同，本质是一种主观感受。"象"指城市物质空间具体的组合方式，如点、线、面的组合。事实上，人们所熟悉的城市空间就是各种具有点、线、面的性质的物质组合形成的结果，本质上是一种客观感受。

作为对主体的变化与表达，意象包括仿象、喻象、抽象等类型，具体见表 2-20。

表 2-20　景观意象类型

景观意象类型	内容
仿象	形式上模仿
喻象	人工痕迹明显，一般用具体物象比喻某种观念或情感
抽象	创作主体经头脑加工，将客体凝练形成的一种纯粹的形式符号，以唤醒读者审美情感

1. 结构设计

结构设计，指强调景观构架方法，即语言应用方式。一般来说，景观结构设计手法有以下几种。

（1）组合拼接。采用组合、拼接等方法，将引用对象构筑成景观的手法，受到波普艺术的深刻影响。根据拼贴的对象，拼贴设计手法有一般拼贴、多元拼贴之分。

① 一般拼贴设计手法，拼贴对象唯一，包括历史的、地方的、大众文化等景观符号。

② 多元拼贴设计手法，包括不同类型、不同时期景观符号，进而形成的混杂风格。

（2）网格序列。通过序列方式，将特定的设计对象纳入网格体系的一种设计手法。景观中的网格指基本几何形式的网状组织排列，有着多样的格网系统，可以是平面的，也可以是立体的。

网格序列设计手法：旋转、变形、镶嵌、连接等。

（3）原型表现。原型是符号化表现的深层结构，符号化表现与原始符号具有异质同构性，它继承了原始符号的表意结构和心理能量，反映人类普遍精神。符号化，指抽象出某种文化原型的特色，从中提取具有代表性的符号体系，便于沟通现代设计与传统文化之间的关系，其过程是对原始形态的意象。文化原型是一种先天的心理倾向，以新的形式重复古老的意象和行为模式。

原型表现的设计过程中，要求深刻了解文化原型，通过符号化设计将原型象征表达出来。符号化景观设计，文化原型有明显的符号特征，能作为提取的符号，像隐喻、抽象、母体重复等手法，都是对原型的提取。

原型设计方法：再现、重构。

（4）功能重组。围绕现代功能需要，将传统的景观符号现代体系当中的设计手法。随着社会的进步，传统景观在某些方面无法满足现代人需要。采用功能重组方法，能够唤醒人们对传统文化的认知，推动传统文化的创新发展。

2. 意象设计

意象设计，指文化意识的表现方面的艺术方法，注重意识表现，而意识的传达通常存在于形态之上。意象设计方面的形态表现主要是符号学方面。符号学的景观设计，是指选取特定的、不同文化的表意性的符号片段，并利用特定的艺术方法加以符号化表现，使设计的符号与被参照的事物产生特定的相似性。其设计原则如下。

（1）抽象原则。在构景中，仅保留绝对必要的组成部分，从而达到视觉的简化。

（2）接近原则。当各个视觉单元接近时，会产生近缘关系，使人们对少量的相同视觉单元或大量不同的视觉单元进行归类，以便分组。

（3）闭合原则。闭合，指建立在人们头脑中对某一形象的整体与部分之间关系的认识的印象的特殊现象。它是人类的一种完形心理，把局部形象当作一个整体的形象来感知。

（4）相似原则。当视觉单元在形式、纹理等方面相似时，原来各个

视觉单元的轮廓线就会消失，从而形成一个单一的重合的形状，有利于创造出统一感和秩序感。

（5）连续性原则。视觉单元的形状越连贯，就越容易从所处的背景中独立出来。

（6）图底关系原理。人类知觉中的图形与背景是相对的，图底对比越明显，越容易被感知。

设计手法：引用、夸张、拓扑变形、重构、反转、抽象等。这些手法有时单独使用，有时综合起来用。

二、景观规划设计步骤

对于景观设计者而言，掌握景观图面表达技能是最基本的素养，这就需要了解景观绘图基本原理，训练自身的基础和造型能力，在长期的绘图练习中形成自己独有的绘图素养。

景观设计图是设计师设计理念的表达工具，手法多样。一份优秀的设计图，往往能够充分、细致传达出设计意图。

景观制图工具：铅笔、针管笔、三角板、比例尺、圆规、分规、曲线板、模板、绘图纸等。

景观设计图内容：平面、立面、细部大样手绘图或计算机制图，还包括相应的效果图。

（一）设计表达的主要内容

1. 绘制平面图、立面图、剖面图、透视图及轴测图

（1）平面图。平面图能体现景观范围内其水平方向所形成的正投影视图，帮助设计师完美地展现有关景观元素的设计和布局。

平面图类型：分析性平面图、环境景观总平面图、水电平面图和植

物布置平面。

绘制要求：足够精准。

（2）立面图。立面图用来反映园林不同景观间的垂直和水平方向的关系，展示植物、建筑物和人的比例关系，能帮助客户充分理解设计的视觉效果。

立面图绘制要求：按比例绘制的，根据项目的重要性决定图画细部。

（3）剖面图。剖面图用来表达的是景观内地形的起伏、标高的变化、水体的宽度和深度、围合构件的形状，以及建筑物或构筑物的室内高度、屋顶的形状、台阶的高度等。

绘制要求：剖切位置在平面上标出，沿正反两个剖视方向均可得到反映同一景观的剖面图。

（4）透视图。透视图能直观、真实地反映出设计的效果，是设计者改善项目的依据，便于设计人员与客户沟通。

绘制方法：

① 一点透视，适用规整、严谨的景观设计。

② 两点透视，适用自由、活泼景观设计。

③ 三点透视，用于收缩景观空间表达视觉效果。

（5）轴测图。轴测图能提供多方位的视图。多用来帮助构思、想象景观物体的形状，以弥补正投影图的不足。

绘制要求：依照比例绘制，平行线不相交。

2. 重要景观元素的表现方法

（1）地形

表示方法：图示、标注。

标注方式：高程标注法，适用于平整及规划等施工图。

（2）水体

表示方法：线条法、等深线法、平涂法。平面上用范围轮廓线表示，

在立面上用水位线表示。

① 线条法。用平行的细实线表示水域面积，适用水体的平面、立面、剖面。

② 等深线法。用粗实线表示水面的岸线，靠近岸线的曲折地方用两三根细实线表示。

③ 平涂法。用马克笔、彩色铅笔、水彩、水粉等给水面上色。靠近岸线的地方比其他地方的水面色彩稍重一些，适当增加一些水面元素。

（3）植物

常借助颜色、大小、质地、形状、空间尺度表示植物景观特征。

绘图针叶植物：展示出多刺、坚硬、常绿特征。

绘制阔叶树：展示大叶子和软外形。

绘制乔木：展示高大特点。

绘制藤本植物和灌木：采用蔓延的线性。

（4）山石

平面和立面的石块：用粗线勾画出轮廓；用细、浅线条稍加勾绘石块面、纹理可，以体现石块的体积感。不同的石块，用不同的笔触和线条表示，以反映其构型特征。

剖面上的石块，用剖断的粗线表示，剖切面要表达出石材的材质。

（二）调查环境基地

为确保景观设计效果的和谐、统一、融合，必须对现场的环境进行充分调查、考证、测量。调查内容有：基地自然条件、人工设施、基地范围、周边环境和人文特征。

1．调查自然条件

基地自然条件是景观设计的物质基础，在设计前必须充分考虑当地地形、表土、水文、气候、植物等情况，在尊重自然规律和生态环境的基础上进行设计，以实现人与自然的和谐，考察内容如下。

（1）地质与地形

地质方面：调查基地及周边区域内地层、岩石、地质构造基本特征，在此基础上绘制地质图，以评估基地潜在的地质灾害、景观建筑用地的适宜范围。

地形方面：地形所处的位置、面积，用地的形状，地形的形态、走向、坡度。基地的原地形图可以从当地地图部门获取。

（2）地域气候条件与场地环境小气候

地域气候条件：基地平均温度、平均降水量、常年主导风向及冬夏两季的盛行风向、风速、相对湿度等，进而选择最佳场地和构筑物。

小气候环境：光照条件，季风风向，空气流通状况，霜雾发生频率和地点，表面反射率和温度。

（3）土壤与植被

土壤方面：土壤类型和结构、pH、营养水平、表土层厚度、承载力和抗剪切强度、渗透率和排水能力、受侵蚀的程度。

植被方面：基地内原有的植被种类、数量、分布；植物组合和群落；植物物种清单；植物种类组成和分布；植物的高度和长势等。

另外，规模大、植物种类复杂的基地，应将其划分为网格状，进行主导物种和稀有濒危物种等抽样调查与记录。

（4）调查基地地下水和地表水情况

地下水调查：地下水位波动范围；含水层的位置及水量、水质；不同地质单元水的特征及渗透率等。

地表水调查：基地环境内的水体分布状况；各处水体的地形标高及走向；水流量和强度；水体的物理和化学特征；水岸线的形式和岸线边的植物状况；现有水体与基地外水系的关系；供水及污水处理系统。

2. 调查场地的周边环境、人工特征和人文特征

（1）周边环境。场地的使用性质及与周边环境的关系；周边相邻主要道路及车流、人流方向；周边交通的流量与场地的容量；场地的主要使用者的各种情况；与周边相邻河流、山体、建筑和开放绿地的关系。

（2）人工特征。场地的现存建筑、构筑物的状况、规模及风貌；现存的景观设施；现存的铺装地带。

（3）人文特征。调查现存文物古迹、历史文化遗址、历史文化、风土民情、风俗习惯；场地使用人群的感性信息、场地审美因素信息；使用人群的交往特征、运动喜好；使用人群对植物种类等的偏好及对景观风格的期望、对各功能空间的需求；对公共服务设施的需求；安全性的需求。

（三）场地、区位及人文环境的分析

为对基地情况有一个全面的了解，必须充分、细致调查场地特征，并针对现存的问题，找出相应的解决方案，以确保设计效果。

1. 场地分析

（1）地形地貌分析

分析基地的地面高程、坡度、坡向和排水，在设计的过程中应当在利用好原地形地貌的基础上加以改造，做好场地平整工作。

（2）气候条件分析

景观设计类型取决于场地气候条件，像水资源匮乏区域便不宜大规模建造水体景观。

（3）土壤及植被分析

场地土壤：分析密实度、养分、水分、温度、空气含量和污染物。

在设计时，尽可能结合当地土壤条件选择设计材料；采用化学手段改良土壤条件。

场地植物：对需要保留的树木、植被，提出保留措施和预见未来的景观效果；对不需要保留的，提出妥善安置办法。在调查原有的植物群落基础上，扩充更多植物群，以丰富植物景观。

（4）水文分析

场地如存有良好的水面，采用各种方法利用水的视觉和实用功能；营造水景时，分析抽取水位较高的地下水的可能性；考虑场地外的湖泊、溪流的引入、净化、排除问题；防止地下水渗漏问题。

（5）原场地景观分析

场地如有引人注目的自然景观，应予以充分保留，发挥原场地特性；分析原场地建筑物价值、二次创造的可行性；整合原有空间秩序关系，构筑和谐新景观。

2. 区位、人文环境分析

（1）区位分析。分析场地与周边交通关系，列出各种交通形式和走向，以便及时发现一些制约性要素。

分析景观项目与周边环境的定位关系：分析在设计风格、肌理、项目策划；分析周边用地性质，确定项目的服务对象和服务规模等；分析项目的地理位置、交通位置、区域经济。

（2）人文环境分析。在景观设计中，将当地文化、历史底蕴与设计结合起来，提升景观的文化品位，为景观设计的立意提供主题线索；尊重当地习俗；分析服务对象的物质和精神需求，如舒适性、安全性，认同感、归属感。

（四）景观规划方案设计

设计景观规划方案，要求设计人员在任务书的指导下，在整合各种

资料的基础上制定设计原则，进行具体设计工作。

1. 图纸设计（见表 2-21）

表 2-21　景观图纸设计

景观图纸	内容
项目位置图	反映项目在城市中的位置、轮廓、交通和周边环境关系
现状分析图	整合现状资料，形成若干空间并用抽象图形粗略表示出来
功能分区图	确定绿地空间分布
总体平面图	确定边界线、保护界线；大门出入口、道路广场、停车场、导游线的组织；功能分区活动内容；种植类型分布；建筑分布；地形、水系、水底标高、水面、工程构筑物、公用网络
景观建筑布置图	画出园区主要建筑物的位置、出入口、平面图、剖面图、效果图
道路系统规划图	确定主出入口、主要道路、广场位置；次要道路位置与形式
竖向设计图	确定需要分隔遮挡的地方或通透开敞的地方；制高点、山峰、丘陵起伏、缓坡平原、小溪、河、湖；总的排水坡向、水源及雨水聚散地；景观环境中主要景观物所在地的控制高程及各景点、广场的高程
绿化规划设计图	确定设计项目区域和各景区的基调树种、不同地点的密林和疏林、林间空地、林缘、树丛、树林、树群、孤植树，以及花草的种植方式；景点的位置、通视走廊和景观轴线，突出视线集中点上的处理
管线规划设计图	规划水源的引进方式、总用水量、消防、生活、造景、树木喷灌等，管网的大致分布、管径大小、水压高低，以及雨水和污水的处理与排放方式、水的去处等；考虑南北气候差异
表现图	表现构图中心、景点、风景视线和全园的鸟瞰景观

2. 项目总说明书

（1）现状概述：区域环境和设计场地的自然条件、交通条件及市政公用设施等工程条件；简述工程范围和工程规模、场地地形地貌、水体、道路、现状建筑物和植物的分布状况。

（2）现状分析：项目区位条件；工程范围；自然环境、历史文化、交通条件。

（3）设计依据。

（4）设计指导思想和设计原则。

（5）总体构思和布局：阐述设计理念、分区内容、园林特色。

（6）专项设计说明：说明像竖向设计、绿化设计、园林建筑与小品设计等专项内容。

（7）技术经济指标：计算各类用地的面积，列出用地平衡表和各项技术经济指标。

（8）投资估算。

（五）初步设计

1. 设计图纸

（1）主要出入口、次要出入口和专用出入口的设计。

（2）各功能区的设计。

（3）项目区内各种道路设计。

（4）各种景观建筑平面图、立面图和剖面图的设计。

（5）各种管线，广播调度室的位置，音箱的位置，室外照明位置，消防栓的位置的设计。

（6）地面排水设计。

（7）土山、石山的设计。

（8）水体设计。

（9）景观小品的设计。

（10）园林植物设计。

2. 投资概算

（1）概算编制说明

① 工程概况：建设规模和建设范围。

② 编制依据：批准的建设项目可行性研究报告及其他有关文件；现

行的各类国家有关工程建设和造价管理的法律、法规和方针政策；能满足编制设计概算的各专业设计文件。

③ 使用的定额和各项费率、费用确定的依据，主要材料价格的依据。

④ 工程总投资及各部分费用的构成。

⑤ 工程建设其他费用及预备费取定的依据。

⑥ 列出在初步设计文件审批时，需解决的问题。

（2）总概算书

包括建安工程费、工程建设其他费用及预备费用。

3. 初步设计说明书

① 设计依据：政府主管部门的批准文件和技术要求；建设单位设计任务书和技术资料；其他相关资料。

② 应遵循的主要的国家现行规范、规程、规定和技术标准。

③ 简述工程规模和设计范围。

④ 阐述工程概况和工程特征。

⑤ 阐述设计指导思想、设计原则和设计构思。

⑥ 各专业设计说明，可单列专业篇。

⑦ 根据政府主管部门要求，可增加消防、环保、卫生、节能、安全防护和无障碍设计等技术专业篇。

⑧ 列出在初步设计文件审批时，需解决的问题。

⑨ 用表格列出技术经济指标。

（六）施工图设计

1. 施工设计图

制作施工设计图、苗木统计表、工程量统计表和工程预算等。

（1）初步设计阶段成果的确认。

（2）初步设计深化，如有设计资料需补充，向业主联络索取。

（3）景观专业与配套专业负责人就新技术、新材料植入达成共识并分头组织相关设计。

（4）景观专业相关人员对项目初步设计的用材、色彩、肌理、空间表达等明确材料选型和做法。

（5）在总体时间进度表框架和图纸内容排布框架下进行施工图设计。

（6）对图纸内容进行中间过程的校审并纠错。

（7）在总体时间进度表框架和图纸内容排布框架下进行终稿施工图设计。

（8）组织设计总监、设计机构内指定技术领导和校审人员进行校审；设计图纸提交造价人员，编制项目造价预算。

（9）完成"三校两审"，装订出图，提交业主确认。

2. 预算

（1）预算的重点：工程概况（明确项目范围、面积或长度等指标，预算费用中不包含的内容），说明使用的预算定额、费用定额及材料价格的依据以及其他必要说明的问题。

（2）预算书编制程序：根据各专业设计的施工图、地质材料、场地自然条件和施工条件，计算工程量；根据主管部门颁布的现行各类预算定额或综合定额、单位估价表及规定的各项费用标准，套用规定的定额和取费标准进行编制；各单位工程预算书汇总成综合预算书。

（七）设计交底、设计服务与文化归档

1. 设计交底

设计交底流程为：业主收到施工图蓝图，请施工方和第三方审图机构进行审图，第三方审图机构发现问题汇总后向业主反馈，业主通知设

计师改图，改完后业主会将蓝图交给中标的施工方进行审图并组织设计交底。项目负责设计师组织各分项负责设计师进行设计交底和答疑，对于无法解决的问题进行设计变更，修改量过大时，进行图纸替换并确认相应版本号。

2. 现场设计服务

在施工实施后，设计师与业主约定的人次进行现场设计服务。在这个过程中，设计师如发现问题，及时与业主、施工人员进行互动，非原则性问题现场解决，以免影响施工进度。

3. 文件归档和整理

对于设计师而言，对设计项目进行梳理和总结是一件较为困难的事情，这对设计师的思维逻辑能力有较大的要求。但是，能够挖掘项目内在的精髓，对文件进行归档和整理对于设计师的职业素养有着重要的提升作用。

第三章　景观规划设计的主要原则

景观规划设计的多样性，决定了景观规划设计原则呈现多元化的趋势。一般来说，景观在设计的过程中，需要考虑功能设计原则、景观生态原则、文化传承原则、艺术设计原则和程序设计原则。

第一节　功能设计原则

一、景观功能

功能设计原则是景观规划的首要原则。景观具有的生态、文化、艺术、休闲、安全等功能，是人们物质需求和精神需求的体现。景观规划设计想要科学合理，让广大人民群众接受，必须考虑以上因素。

二、景观安全

安全性，指在制造、使用、修缮产品的过程中，产品本身安全和人身安全能得到充分的保障。对于景观规划而言，其安全性设计两个方面：其一，景观自身的安全性，景观工程保证不对人身、环境等客体造成损

害；其二，景观提供的安全庇护效果。

（一）景观自身的安全性

为确保景观自身的安全性，在规划景观的过程中，应当注意以下事项。

1. 确保场地安全

对场地的安全性进行评估，评估内容包括地质灾害、洪灾等发生的可能性、周边环境的安全隐患。根据评估结果来有效提高景观工程的安全性，并充分发挥景观的功能。

2. 确保结构安全

景观规划设计时，需要注重材料结构的选择，保证其安全、牢固。图 3-1、图 3-2 分别是金属结构景观规划设计图和木质结构景观规划设计图。

图 3-1　金属结构规划设计　　　　图 3-2　木质结构景观规划设计

3. 合理选择景观材料

在景观工程建设过程中，尽可能少使用对人体健康和生态环境有害的、存在安全隐患的材料。

4. 人群因素

设计景观安全防护，在考虑对成年人保护时，更要保护儿童、老年人群体。另外，考虑残障群体的需求，采用无障碍设计法，包括材料的选择、尺寸、设施等方面。

（二）景观的安全功能

1. 了解城市灾种及其特点

常见的城市灾害有地震、火灾等自然灾害，战争及恐怖活动等人为灾害。

2. 熟悉城市公共空间防灾避险功能

当灾难来临时，景观应当为广大人民群众提供防灾避险的各种公共空间，图 3-3 为防洪堤与观景台的结合景观。

图 3-3　防洪堤与观景台的结合景观

3. 知晓有关防灾规划理论和设计方法

在景观设计过程中，应当结合当地实际用地状况、人口、周边设

施、交通等因素，为群众提供充足的避难场所，同时配备一定的应急设施。

三、功能组织

1. 功能定位

功能定位体现设计理念的落实，决定着景观的主要功能。

2. 功能分区

功能分区是指从空间上布置相应的景观元素，同时赋予一定的功能主题。

3. 流线组织

流线组织是各功能区之间的有效联系形成的景观系统，旨在满足功能定位的需要。

在景观各种功能组织中，功能定位与流线组织相互制约，功能分区影响流线组织方式和道路级别。流线组织反作用于功能分区，是功能分区进行适当调整的依据。

第二节　景观生态原则

一、结合自然

景观的规划设计应当以自然为优先，注重保护自然和生态环境，从而唤醒群众对保护自然、保护生态的意识，实现人与自然的和谐相处。

人类社会活动对自然环境有着直接的影响，事实上，众多城市景观都是以自然景观为基础加工后的产物，因此景观规划师需要充分挖掘当地自然因子并将其融入设计当中，提高景观的"自然美"。比如，国内有高校便以当地盛产的粮食作物为素材，设计校园景观。

二、生态原则

利用和改造自然的前提在于尊重自然、保护自然和生态环境，这也是生态文明建设的必然要求。随着现代化的进程，全球范围都面临不同程度的生态环境问题，因此景观规划设计必须考虑生态效益。

在生态环境日益恶化的背景下，国外学者提出景观生态学概念，其以整个景观为对象，根据能量、物质、信息、物种之间的传输和交换、生物与非生物之间的转化，研究景观的空间构造、功能价值及景观内部之间的关系，分析景观异质性发生、发展和保持异质性的机理，试图建立一个科学的景观时空模型。景观生态学重视对景观资源的管理和生态设计，为现代化景观规划设计奠定理论基础。

景观生态不以人的意志为转移，有着内在的客观规律。人们所处的城市和农村，好比一个"活"的有机体，由众多生态园构成，在摄入能量的同时也在排出废弃物，当摄入与排出失衡时，就会出现"环境病"。从宏观角度看，城乡生态环境一旦失衡，甚至对整个生态系统造成毁灭性打击。另外，城市与农村的"环境病"会传染，如农村出现楼房、农家乐、仿古旅游小镇（见图3-4）等城市文化现象，这种不合理的建设使得生态病迅速蔓延，破坏整个生态系统。

为避免城乡生态失衡情形，在景观规划设计中必须遵循城乡生态客观发展规律，在生态化理念的指导下进行景观建设，促进城乡的可持续发展。

图 3-4　仿古旅游小镇

三、生态原则在景观规划设计中的运用

景观是无机自然条件和有机生物群落相互作用形成的生态系统，由大小不一的板块构成，从而形成的空间分布格局。在自然界中，生态系统具有多样性和稳定性，二者相互联系，同理，景观生态系统的多样性也有利于维持其稳定性。所以，在规划设计的过程中，必须坚持生态多样化原则，包括板块、类型、格局等方面的多样化，从而构建一个类型多样、多种植被搭配、多个生物群落共存的生态系统。景观设计要想发挥最大效果，就必须将其作为一个有机的整体进行分析和管理，发挥其综合的结构功能。

另外，景观规划设计应当尽可能避免植被孤立的状况，将各类景观联成网络。在建设连续、大块绿地景观的同时，把握景观各部分、动植物之间、景观与人之间的关系，让人工设计的景观与自然环境呈现和谐统一的状态（见图 3-5），从而保护景观生态系统的稳定性和持续性。

图3-5　生态原则在景观规划中的实践

在景观规划设计中，遵循生态原则，就是要尊重自然，树立经济、可持续发展理念，维护生物的多样性和稳定性，实现对自然资源的循环利用和景观的自我维持。因此，景观规划设计应当以改善生态环境为目标。

第三节　文化传承原则

一、规划设计文化景观遵循的原则

文化景观是不同时期人类社会活动的产物，是人类文明的智慧结晶。对此，景观规划设计应当坚持文化传承原则，仔细研究当地的文化特色，在尊重历史的前提下进行建设。

景观价值不仅体现在其外在形式上，更表现在其内涵当中。作为审美客体，无论哪种景观都存在一种原始美或物质形态的自然美。我国众多秀丽风景、山河大川都是大自然亿万年来鬼斧神工的产物，是人类文

明史的珍贵自然遗产，如"五岳"、漓江、趵突泉、黄山的怪石云海等都是大自然的杰作。

钟灵毓秀的自然景色不仅在外形上让世人惊叹，其内在的文化底蕴和厚重的历史感更加震撼人心。比如，"五岳"之首泰山，是众多封建帝王祭天封禅活动的重要场所，也是佛道两教安营扎寨的风水宝地，文人墨客在此地留下千古名句，如"造化钟神秀，阴阳割昏晓""清晓骑白鹿，直上天门山"等。20世纪80年代末期，泰山被列入世界自然与文化双遗产名录。

从景观角度来看，随着历史和时代的变迁，景观形态所蕴含的文化因子得以传承下来，但这要求欣赏者了解相应的历史和文化背景。科技成果的日新月异、文化活动的日益丰富多样，人们审美水平在不断提高，要求视觉对象具有更高的表现能力。文化、历史与景观的有机结合，借助景观这一载体拓展了文化和历史内涵，使得景观多姿多彩。

景观文化历史研究方法一般有两种：其一，考察遗迹法，采用考古、测绘、分析、复原等手段，对古代园林特征和造景手法进行分析；其二，分析文献和相关理论著述，寻求古代园林发展脉络，并与考古或留存的遗迹进行对比，探求其艺术本质。

在研究中国古代园林时，有关理论分散于各种风水学、建筑、绘画、诗词当中，古代景观设计者的分工不够明确，不少人集造园、绘画、诗词、建筑园艺知识和技艺于一身。现代景观设计师分工细致，一个大规模园林景观涉及多个专业，如规划学、建筑学、社会学等。

二、规划设计地域景观应遵循的原则

文化的异质性取决于当地的地理环境、气候差异等众多因素，从而形成独特的景观，如哈尼梯田、云南高脚楼、北京四合院等（见图3-6）。"一方水土养一方人"，当地的地理位置、气候条件对当地民风民俗、文化观念、审美情趣的形成有着重要的影响。由此可见，地域性因素对景观规划和设计有着深刻的制约作用。

元阳梯田

云南高脚楼

图 3-6 因势而建的元阳梯田与云南高脚楼

随着时代的变迁，民风民俗、文化理念、道德伦理等地域性因素也在发生相应的变化。地域文化发展想要永葆生机和活力，不能故步自封，应当在坚持本文化传统的基础上吸收外来文化，推陈出新，不断丰富和充实地域文化，构筑全新的地域性景观。

第四节 艺术设计原则

一、景观艺术设计

一般来说，景观艺术表现在两个方面：一方面是景观本体的艺术价值，另一方面是景观规划设计的表现艺术。

从艺术表现手段方式、时空性质等角度看，景观被视为造型艺术和空间艺术的结合，是人类活动的重要场所之一。景观规划设计牵涉诸多艺术表现，如各类绘画介质所表达的草图，水彩等介质表达的手绘效果图，通过绘画技术和审美趣味，既能表达设计者的主观创作意愿，又能将艺术规划建立在准确客观的设计表达前提下。

（一）景观艺术设计内涵

1. 景观艺术设计

景观艺术设计指规划者们通过水体、地形、植被等手段，结合使用者的心理和行为特征，根据当地实际环境对拟利用地进行调整，建立能满足一定人群交往、生活、工作和审美需要的户外空间场所。它的工作内容虽不同于城市规划、建筑设计、大地景观艺术设计，但与这些设计存在密切的联系。

2. 城市规划

城市规划指在一定期限内，根据城市经济和社会发展目标及其条件，对城市土地和空间资源进行的整体部署和管理。城市规划体现城市宏观的空间布局和资源分配情况，因此景观艺术设计必须以城市规划为指导，在服从规划各项指标的前提下，进行设计建设，从而构成一个有机的城市整体。

3. 建筑设计

建筑设计指针对城市空间单个建筑实体进行的设计，以满足人们日常工作、生活、学习需要的室内空间和城市硬制视觉形象。在城市规划的整体调控下，与景观艺术设计相辅相成、虚实结合，构成完整的人类生活空间场所。

4. 园林设计

园林设计指在一定地段内通过人为开辟或天然改造天然山水地貌，布置相应的植被和建筑，从而建立的生活空间场所。一般来说，园林设计是供人们观赏居住的环境而对植被、土地和建筑等要素进行的规划和建设，这些要素随着经济发展在不断地丰富。

大多数传统园林是少数人私有。而现代园林超出宅院、别墅范畴，从广义的角度看，是城市中供人们休闲、娱乐的绿地场所。

景观艺术以园林艺术为母体，传统园对景物和空间的艺术处理手法对现代景观艺术设计仍然有重要的指导作用，这从景观艺术发展史来看可见一斑。相比于园林艺术，景观艺术设计范围更广，涉及人们生活的方方面面，表现手段更加丰富灵活、多样。园林艺术是以植被为主要构成要素的景观艺术设计，是景观艺术的重要组成部分，强调对花草树木的合理配置。

（二）景观艺术设计与景观布局形式

景观分类方式多种多样，一般按性质及使用功能、景观布局形式两种方式划分，也有按年代地域划分或景观隶属关系进行划分。

随着社会经济的发展，人们的生活水平不断提高，生活方式发生了重大的变革。根据景观的性质和使用功能，现代景观包括风景名胜区，城市公园，植物园、游乐园、文物古迹园林城市广场、休闲绿地、庭院等。

根据景观布局形式，景观分为规则对称式、规则不对称式、自然式和混合式。从景观艺术设计角度看，景观在具体规划过程中，必须了解其布局形式，掌握不同形式及其具体景观场所功能性质的关系。

1. 规则对称式

规则对称式景观体现庄重、雄伟、明朗之意，强调平面构图的匀称性，主轴线明显。一般来说，两侧景物建筑布局呈对称特点，故而需要建立在平坦的地面上；如果是坡地，则需要修整为规则的台地状。规则对称式布局的道路多为直线型或有迹可循的曲线形；硬质广场为规则几何形；植被呈现等行等距排列，被修成各种整形的几何图案。另外，水

体轮廓、驳岸、水池、涌泉等都采用几何形、整形的设计形式。这种布局方式需要考虑用地规模，设计平行于主轴线的副轴线和垂直于主轴线的副轴线，喷泉、雕塑、建筑等往往设置在各线的交点处。

皇家园林、政府机关、纪念性景观等严肃、宏大的场所中常使用规则对称式布局方式。

2. 规则不对称式

规则不对称式景观设计，给人自由、活泼、时尚之感，平面构图中的线条有迹可循的，但不是对称的，其空间布局灵活性强，植被采用多变的配置方式。水体、驳岸的形式相对多样化。

不对称式布局多被用于城市中街头绿地、商业步行街的节点处理、小型公共休闲绿地。由于其平面布局强调构图的美观和节奏感，也多用于高层建筑底部的小型庭院布局。

3. 自然式

自然式布局以大自然为蓝本，景象生动活泼，显得自然轻松。这种布局没有明显的主轴线，水体、道路的设计按整体构思、立意和地形变化完成，往往察觉不到明显的规律。另外，地势起伏自然、建筑造型自由，不强调对称，与具体地形结合即可。在自然式布局下，水体形式以平静、自由水体为主，常采用瀑布，叠泉，溪流等形式，人工喷泉形式较少。在植物配置方面，讲究自然，生物群落丰富、布局自由，尊重在生长规律，根据植物生物特性合理搭配，以构建一个整体的空间氛围。

自然布局方式多用于城市休闲、绿地公园度假村、风景名胜区等。

4. 混合式布局方式

混合式景观是自然式与规则式布局的有机结合，常用于现代景观规划设计。在大规模景观规划中，主要的构图中心和建筑物一般采用规则式布局，随着与构图中心的距离越来越远，采用渐变设计形式，根据地形自然变化和植物种植方式过渡到自然式布局。这既具有规则式整齐明快的优点，又兼具自然式的灵活生动，给予游览者多样化的体验。

不管哪一种景观方式，都有各自的优势，特色鲜明。在具体的规划设计过程中，需要结合当地的用地条件、使用人群、用地性质、周边环境等因素，确保布局的科学合理，营造符合整体利益的空间感。

二、人文景观艺术

景观规划设计与人们的现实生活有着紧密的联系，旨在满足一定区域人们的使用要求和心理需要，营造优美的生活环境，提高人们的生活质量。规划设计师在营造景观空间形态的过程中，体现他们对使用人群的关怀和使用行为的理解。因此，景观设计应当人性化、具有关怀性，而非一味强调形式化、神秘化，这就需要设计师树立起"为他意识"。

在设计城市公园景观时，有部分设计师"专门"为考虑老年人需要，斥巨资打造了"老年人场所"，以避开喧闹的大广场。然而，老年人很少有前往专属场所的，原因在于他们渴望与年轻人交流，相比于沉寂的暮年场所，更愿意待在有年轻人的活力空间。

这表明，研究景观环境中人的行为时，应当从人们日常生活行为规律入手，通过分析空间布局、环境特征、使用方式和心理特征等因素对人的行为的影响，在此基础上设计更加人性化的景观场所。

从总体上来看，景观人文环境规划涉及多个学科，是一门研究人与环境、行为和场所互动关系的科学，系统分析相关设计理论并运用到实践当中，对现代景观设计具有重要指导意义。

（一）景观人文环境

从空间形态来看，景观空间有"面域空间"和"线性空间"之分，

存在"动态"和"静态"两种形式。一般来说，相比于动态空间的可穿越性和流动性，静态空间往往带给人逗留、交往的心理感受，如广场、绿地、庭院等。动态空间具有线性，静态空间呈现向心性和围合性特点。

国外学者从空间使用要求和特性入手，认为人的各种活动有相应的领域范围，并将居住环境视为由公共性空间、半公共性空间、半私密性空间、私密性空间组成。景观环境属于公共空间范畴，可进一步细分为公众行为空间、个体行为空间。

1. 公众行为空间

公众行为空间是大众使用的场所，对应群体行为，如街头绿地、广场等，还包括诸如空地、小型活动场所等小范围公共空间，具有空间开阔、彼此通视、相对平坦等特点，聚集效应明显。在公众行为空间中，一般存在开展各种类型活动的核心区域，人们在此健身、表演。

设计公共行为空间，有利于提高场地利用率，满足人们多样化的文化活动。在规划的过程中，应当重点考虑空间尺度、围合感、功能组织、周边环境等方面的内容，确保设计的科学、合理。

一个理想的公众行为空间，往往能聚集大量的人群，成为他们进行户外活动和交往的重要场所，是景观环境中的热点地带。因此，景观规划应当采用人性化设计方式，致力于为大众营造集休憩、娱乐、交往等功能于一体的户外公众行为场所。

2. 个体行为空间

个体行为空间对应的是个体行为，一般是个体进行活动的场所，如聊天、运动场所，或者某些特殊行为和特殊使用方式。

个体行为空间尺度相对较少，在设计的过程中，应当注重观察个体对空间的需求，包括温度、通风、材质、设施等方面，同时还应考虑空间使用的模糊性和通用性，以便同一种环境下满足多种行为需要。

（二）人文环境与人的行为

景观艺术设计，旨在为人们创造一个适宜、人性化空间场所，以满足人们多样化的行为需求。景观环境和人的交互对人的行为有着重要的影响，包括人对环境的感知、反应等。从环境与人的行为关系来看，一方面，人的行为对环境产生影响，人们的户外活动是景观的一部分，也在改变着景观面貌；另一方面，环境改变人的生活方式和思想观念。一个良好的公共空间，丰富着人们的户外活动、促进人与人之间的交流、互动；特定空间场所或形式往往吸引特定活动人群，引发特定行为活动。

总而言之，人文环境与人的行为之间存在一种客观联系，这需要景观设计师充分了解人的行为规律和心理特征，发现环境设计中的共性和规律，从而营造一个优美的活动场所。通过观察人的行为特征，能够为景观设计提供良好的指导作用。

1. 场所性

人是社会中的人，具有明显的社会属性，想要脱离环境而独立存在是不现实的，这源于环境对人潜移默化的作用。人的内在需要和周边环境的交互作用，对人的心理和行为特征有深刻的影响，换言之，人的行为随着人与环境因素的变化而发生相应的改变。即使在同一种环境下，由于人的认知水平和思维方式存在差异，他们的行为也有很大的区别。因此，人们在受到环境影响的同时，又反作用于环境。

学界将人们在环境中的感受称为"场所感"，指人们在特定环境下形成的感觉结构，是视觉效果的一种特殊形式，对人们具有一定的吸引力，影响着人们是否愿意前往某处活动场所。

2. 本能性

景观规划设计师应当充分了解环境使用者的心理和行为特征，即研

究人内心保留的自然本能，从而营造良好的环境空间氛围。大多数人们都渴望美和秩序，在依赖自然的同时，希望在把握自然发展规律的基础上对自然进行改造。对此，在景观规划设计过程中，需要了解人类自身，把握他们在景观环境中的各种行为，这是规划建设的前提。

3. 认知性

人在环境下的行为具有可认知性，景观规划可以以此为依据进行设计，给人们带来丰富的活动体验。设计得成功与否，取决于人在景观环境中的体验是否满意。一个人性化的设计，必须建立在重视人在环境中心理和行为特征的基础上，通过营造特色各异、功能齐全、规模不一的活动场所，从而最大限度地满足不同年龄、职业的人们的个性化、多样化需要。

一般来说，在炎炎夏日，广场上的树荫决定着人群分布情况，人们基本上会选择在阴凉处休息和娱乐。在江南地区，冬冷夏热，这就要求景观环境的休憩座椅需要具备夏日遮阴、冬季日照充足的功能，故而多在座椅旁种植落叶乔木。此外，人们对活动空间的青睐程度也受到区域内座椅材质的影响，因此需要尽可能选择导热系数低的木材、塑料等，以吸引更多的游览者。

在景观环境中，由于人的行为和环境的交互作用，人们在某些方面具有普遍性行为特征，呈现共性和习惯性特点，如从众性、趋光性等，这些要素都是设计人文景观环境的重要参考依据。

第五节　设计程序原则

一、实施程序

景观规划是一项设计性较强的系统工程，有着设计的基本步骤，应当遵循工程设计的程序性原则。拟用地实际情况的不同，影响景观设计方式，但绝大部分景观项目都按照"接受委托—明确目标—场地调查—资料收集—信息分析—设计构思—实施设计—回访评估"的流程进行。

（一）接受委托、明确目标

大部分景观规划工作起于接受工程设计委托，委托方与受托方根据互信、互惠的原则签订委托协议，以此作为工程设计工作的依据，是保障设计工作顺利进行的保障，能够保护双方的合法权益不受侵害。在签订合的同时，设计方应当明确设计目标，了解设计项目的基本情况。

（二）场地调查，资料收集

所谓场地调查，指勘察设计现场，这是工程设计工作的起点，旨在对设计场地形成一个整体印象，收集有关资料并予以确认。通过场地调查，来了解整体的周边环境、建立相应的尺度和构思大致的风格风貌，只有这样，才能设计出具有特色、与场地实际相符合的优秀景观。

（三）信息分析，设计构思

在现场踏勘、收集资料后，则需要对各类资料加以分析，并在此基础上对景观规划设计进行构思。在构思的过程中形成的设计方案各有特点，也存在一定的局限性，这需要设计者将各个方面进行比较，并不断改善优化，保留巧妙构思，改造不足之处。在构思初期，设计者往往会有多个建议，经筛选后保留两到三个方案，最后进行优化、整合，通过将各个方案的优势进行有机地结合，在改进的过程中形成最终设计方案。

（四）实施设计，回访评估

确定设计方案后，接下来就是详尽的工程设计，进入景观设计施工图阶段。此前的工作注重的是外部景观空间的规划，而这一阶段的工作

重心在于建立和完善相应的平面功能和系统，同时进行外部空间设计定位和构思。

　　景观项目竣工后，规划设计师应当不定期回访，根据反馈结果评估设计方案，以便及时发现项目的优缺点。评估内容包括检验场地使用情况与设计初衷的符合程度，区域划分、路径规划的合理性等，这样做有利于积累更多的设计经验，提高专业能力。

二、景观规划设计程序遵循的原则

　　景观规划设计过程应当遵循一定的设计原则，综合使用各种设计手法和技巧对景观项目进行空间优化。在实际的景观规划设计项目中，前期应当展开调研分析，研究环境、造景、气氛等方面的需要，以突出景观设计的特征。同时，在科学理论和方法的指导下，强化景观的品质和环境效果。总而言之，现代景观设计应当遵循师法自然、以人为本、因地制宜、可持续发展的原则，在空间营造的过程中融入形式美法则。

（一）构思和立意所遵循的原则

　　（1）构思和立意需要围绕景观的功能价值。
　　（2）创造景观艺术意境应当突出景观效果。
　　（3）在立意的过程中考虑环境因素。

（二）相地和选址所遵循的原则

　　首先，分析大环境特征，在利用和保护自然环境的同时，考虑其他各种因素的影响；其次，树立"自成天然之趣，不烦人事之工"的设计理念，在因地制宜的基础上，实现"相地适宜，构园得体"的目标；最后，分析周边气候条件，了解气温、朝向、土壤、水质等地理因素对景观设计的影响。

（三）组合和布局所遵循的原则

首先，通过对比体量、形式、明暗虚实等空间组合要素，营造出统一且富有变化的整体立意氛围；其次，重视空间的流通和渗透，包括相邻景点、室内外空间的流通，确保景观环境不出现孤立的情况；最后，强调现代景观设计的空间序列和层次感。

（四）处理空间尺度和比例时所遵循的原则

首先，结合现代景观空间的规模，在规划设计的过程中选择最适合的尺度和比例；其次，从整体角度出发，处理好景观要素细部与整体的关系，营造出一种协调、亲切的氛围；再次，把握景观各要素之间的尺度关系，设计适宜的景观建筑、小品、植物和设施等；最后，在景观的视角焦点和场所方向，选择不同的视距和视角，以便在不同状态下呈现不同的景致。

（五）处理色彩与质感时所遵循的原则

首先，在景观规划设计过程中，保持选材色彩与周边环境的协调，采用对比与微差手法营造氛围感；其次，突出色彩的地域性和民族性，了解不同民族和群体对色彩的喜好，在规划设计中恰当运用各种色彩；最后，处理好人工照明和自然光的关系，使光照与景观环境相适应，带给人们多样的体验感。

（六）处理结构、构造与形态时所遵循的原则

首先，景观规划设计的结构、构造与形态相辅相成，在形态得到满足的同时，考虑结构与构造的可行性。另外，恰当的结构和构造能够为形态提供一定的技术创新思路，激发设计师的灵感。

其次，形态以结构、构造为载体，景观项目竣工的前提，在于保证

结构和构造的科学性和合理性。

最后，在景观规划设计时，结构和形态不仅要满足自身的特点要求，还需要考虑与周边环境的协调性。

第六节 地方性原则

地方文化体现区域性人文思想理念，是区域艺术文化传承与发展的基石和源泉，具有鲜明的地域性和民族性特征。地域文化积淀深厚的文化底蕴，在景观规划设计中融入地域文化，有利于增强人们对景观设计审美价值的认同感，反映文化价值历史重塑性，加强当地人们对历史文化和风俗文化的归属感，凝聚民族向心力。

景观规划设计，承载着当地的自然、人文和社会文化，反映人与自然、人与社会、人与人之间的关系，处于不断地运动、发展当中。从地域文化与景观设计的关系来看，地域文化为景观设计注入活力，景观设计促进当地文化的传承和发展。

无论是国际景观规划设计，还是地域主义景观规划设计，地方文化与景观规划相结合问题历来是学界研究的重要方向。随着时代的变迁，地方文化景观设计内容不断丰富，相关理论著作也如雨后春笋般涌现。

一、景观规划设计与地方文化

（一）地方文化概念

作为一种社会现象，文化是人们在长期的生产生活实践中创造出来的，承担着厚重的历史底蕴。地域文化，指一定范围内在自然条件影响下形成的文化，具有独特性和灵活性特点，对人们的生产生活影响深远。

（二）景观规划设计与地方文化的关系

将地域文化融入景观规划设计当中，指将某地区在历史积淀的文化精粹运用到工程设计当中，在美化环境的同时，增强了景观项目的人文性和文化底蕴，有利于促进景观规划设计的可持续发展。以园林景观规划设计为例，分析地方文化与景观规划设计之间的关系。

1. 景观规划设计为表达地方文化创造条件

地方文化是区域思想延续的灵魂，是人们的记忆，而记忆是景观的灵魂。园林景观为地方文化的表达提供展示平台，是弘扬和传承地方文化的重要载体。在游览的过程中，人们能"倾听"地方故事，了解地方文化。

以古代景观为蓝本的园林景观规划设计，在最大限度保留原有景观的基础上采用现代造园技艺，为人们展示园林景观的深厚文化底蕴和历史内涵。如以古南池为载体、以唐代王母阁为主要景观的南池公园，正努力重组当地人们的历史记忆碎片。

景观规划设计通过直接、易懂的方式，将地方文化呈现在人们眼前，给人们带来深刻的体验，并且以其独特的形式影响人们对所在区域的认知，在表达设计师情感的同时，诉说着人们的历史情感。

2. 地方文化为景观规划设计提供素材和灵感

地方文化是地方习惯和当地风俗的缩影，为景观规划设计提供宝贵的素材和灵感，影响着园林风格的形成，赋予园林景观独有的魅力和气质。纵观我国古代园林发展史，园林的产生与发展从没有脱离过文化大背景。随着人们认知水平的提高，文化也在不断丰富，这为园林设计师提供多样化素材，有利于激发造园师的创作灵感。

早期魏晋时期，文化与园林的关系就日益密切。两宋时期，士流园

林和文人园林的出现，标志着文化与园林结合进入到新的阶段。自此，园林的功能趋于多元化。如苏州博物馆以当地粉墙瓦黛为载体，将石与墙壁相结合，展现出的极致美感让大家惊叹。

文化为景观规划设计注入活力和深厚历史底蕴，突破了当下模式化和单一化的设计方式。地方文化为景观规划设计师提供丰富素材和灵感，使得园林故事表达更加生动、具体。

二、景观规划设计与地方文化元素的结合原则

（一）尊重地方文化和历史原则

景观在规划设计时必须尊重当地历史和风俗习惯，突出地域性特征，这是设计的灵魂和核心所在。在深入了解当地人文风情和历史文化的前提下，将地方文化融入园林景观，从而打造独具特色的景观项目。

（二）整体性原则

地方文化呈现整体性特征，这要求园林设计师将地方文化与地方环境有机地结合起来，地方文化的整体性包括景观规划设计结构的整体性和功能的整体性。因此，在将地方文化融入设计的过程中，应当考虑景观与周边环境的相融性，充分发挥生态效益。地域主义风格景观规划设计，体现当地艺术和传统地方文化，有较高的历史价值和文化价值。

总而言之，景观规划设计必须结合当地自然和社会环境，突出地方特色，在强调整体性的前提下，将地方文化风貌融入自然和人文景观当中，实现人与自然的和谐统一。

（三）生态性原则

生态性原则强调景观规划设计与自然生态相协调，做到尊重和保护

自然，将地域元素铺设在自然当中，营造浑然天成的氛围感，促进景观设计的传承和发展。因此，景观规划设计应当在遵循生态性原则的前提下，从长远的角度来合理利用各种资源，确保规划设计的科学性和生态性。

（四）以人为本的原则

我国传统景观设计理念强调"天人合一""和谐共生"，注重通过山水设计和自然融合表达人的宁静致远。以人为本的原则，要求改造后的景观能够提升人们的满足感和幸福感。如苏州园林设计初衷便是为了获得宁静舒适的生活，借助假山、池河、当地植物等，运用镂空、雕饰等手段，营造出的幽深恬静的空间范围，体现一种人文关怀。

景观规划设计坚持以人为本的原则，要求满足人们基本需求，通过人展示其整体功能价值。因此，在设计过程中，将地方文化融入景观的同时，考虑对人的教育作用，如通过景观主题潜移默化影响人们的行为方式。一个优秀的景观规划设计，总是给人美的感受，让人与自然面对面交流，实现零距离接触，给人们带来身心上的愉悦。

三、在景观规划设计中体现地方文化的手法

（一）保留并利用地方文化特色

我国国土面积辽阔，有着五千年的文明积淀，不同地区的地域文化存在明显的差异性。对此，景观规划设计应当体现保护和传承地方文化理念，坚持"取其精华、去其糟粕"的构造理念，恰当运用地方元素，尽可能全面、真实反映历史文化，实现规划设计与地方文化的完美融合。

（二）挖掘具有代表性的地方文化元素符号

地方文化往往蕴含丰富的元素内容，景观规划设计应当从这些元素中找出具有典型性、教育意义的元素符号，经过推演变化后，将这些代表性元素符号融入设计当中来。

建筑语言、神话传说、典故、民俗等都是元素符号，如杭州以西湖为当地元素符号，济宁以孔子、运河为文化元素符号。总之，在规划设计中应当尽可能选择具有代表性的文化元素符号，并采用多种手段将其表现出来，营造厚重感和历史氛围感。

（三）再现标志性历史文化

再现标志性历史文化，旨在对文化进行保护和传承。景观规划设计师在深入了解当地文化元素的基础上，结合自身的设计素养，将地方历史文化融入园林景观设计当中。

（四）与现代理念相结合，实现创新运用

随着科技手段的成熟和人们审美需要的多样化，传统地方文化元素的应用手法难以满足现代景观规划设计，而采用现代材料来展示地方历史文化正好能弥补这一不足。通过创新应用地方文化元素，有利于实现传统文化与现代原理的有机融合。因此，景观规划设计师应当树立现代设计理念，综合使用各种现代材料来将传统文化融入景观设计中，以保护整体景观的协调性。比如，秦皇岛汤河公园的"红飘带"，通过灵动、活泼的设计有效保护当地生态多样性，体现当地"以水为傲"的地域文化。

第四章　景观规划设计的基本类型

第一节　城市景观规划设计

一、城市景观规划设计

（一）城市景观规划概念

作为研究景观空间结构和形态特征的一门学科，景观生态学对生物活动和人类社会实践产生重要的影响。在生态理论指导下，结合现代地理学和系统科学特点，对景观的机构、功能和演化过程加以分析，研究相关区域范围下的资源和环境管理问题。城市是人类活动的产物，是景观生态单元的重要组成部分，常见的景观元素有绿地、公园等。从空间结构角度看，城市具有收敛性、高浓度和小分散等特征；从功能来看，它具有高能量性、高容量信息流的辐射传输和文化多样性。

根据景观生态学理论，城市被视为由多个矩阵、廊道、板块构筑的大系统，这些空间单位的数量、质量、结构和功能的变化，直接影响城市的运作效率和作用的发挥，对大型城市更是如此。

从本质上来看，城市景观生态规划过程，是空间组织合理化和生态

系统良性循环的过程，有利于美化城市空间环境，实现城市系统运转的高效、协调，推动城市的可持续发展。

（二）城市生态环境

城市生态环境，指在城市中，影响人类生存与发展的水资源、土地资源、生物资源以及气候资源数量与质量的总称，是关系到城市乃至整个社会和经济持续发展的复合生态系统，一般包括以下三个方面。

1. 城乡一体化、总体环境协调发展

打造城市生态环境，能够形成多层次、群体生存发展的新型格局；将市中心土地和人口规模控制在一个适合的区间内，改善城市结构和布局，推动城市郊区化。

2. 构建城市绿地系统

结合城市生态特征，在各个自然板块之间建立有机联系，形成协调统一的城市环境；合理使用城市水文，融合到每个版块，打通绿色道路；充分利用城市环路，建立相应的城市景观走廊，最终形成网络状绿地系统。通过打造紧凑型城市发展核心，使之与周边社区和活动中心区分开来，让新鲜的水、土壤、植物融入进来。

3. 打造适宜的居住环境

通过建筑实体空间和外部空间，形成人与自然相和谐的居住环境。在设计的过程中，尽可能亲近自然，建立起以"楔、廊、园"为主体的绿化体系；以居民为中心，为他们提供便捷、舒适、多样的生活领域，建立优美、安全、低碳的生态型社区；住宅区可以考虑在庭院道路终端周边进行建设。

一般来说，城市环境包括文化、社会、建筑、艺术环境。任何一个城市，都有自身独特的历史文化，这直接关系到城市的可持续性发展；

城市社会环境以社区为基本单位，是居民生活、工作的重要场所；城市景观以城市建筑和艺术环境为主体。代表着城市的形象，集中体现城市建设质量。另外，城市环境以人与自然的和谐发展为主体。因此，在城市景观规划设计过程中，应当重点考虑传播、融合、传承和审美等特性。

二、城市景观规划设计原则

一个科学合理的城市规划，往往能做到几个方面：点缀城市与自然空间；建设绿化带；高效利用林木、农业资源，提高河流、岛屿的自我调节能力；城市环境优美，休闲空间充足。

在城市景观生态规划设计中，必须坚持的原则是：突出文化特征，把握人与自然的关系；强调自然性，保护生物多样性；景观建设多样性；城市空间结构合理，开放空间相对集中；景观生态的连续性和恢复程度有保障，打造绿色空间系统；城市文化的可持续发展；环境管理和生态工程的有效结合。

对于不同的城市来说，结构形态不同，所带来的环境效益也存在差异。在治理大气污染方面，在同心圆、方格状、星形等城市形态中，以星状景观效果最佳。然而，城市中心梯度场和廊道效应梯度场的存在，受到经济利益的驱动，城市空间扩展存在盲目性，严重破坏城市景观和生态平衡。城市廊道效应，随交通量、建成区面积、走廊高度的变化而变化。一般来说，城市景观从初级同心圆结构，经过带状、十字形、星形、多边形等阶段后，发展成高级同心圆结构。自然廊道西永分为城市发展规划、自然廊道、人工廊道，这种分散性景观格局，能够防止因饼式风格发展造成的生态恶化。自然廊道，在吸收和减少城市污染，降低人口密度和交通流量方面有积极的意义。景观规划设计，在发挥人工廊道经济效益的同时，在效益最大化理论的驱动下，使得部分水面、农田转化为大型公园、度假村等高效益用地，导致分散组走廊向远处扩散。

在人工廊道与自然廊道之间，往往会形成一个楔形绿地建设区。

城市景观的时间和地域性突出，在增强居民认同感的同时，集中反映城市生态、社会、经济、文化等价值，以独特的城市风貌吸引更多的常住居民和游客。一份优秀的城市规划，能够精准体现城市的文化和魅力，对景观的利用和发展有着重要价值。在景观项目建设过程中，应当坚持以下原则。

（一）生态可持续性原则

在设计新景观项目时，应当坚持适当原则，做到"不同山水争色"，通过科学合理的规划，对区域进行调整和重构，营造更优美的环境。在开发的过程中，需要权衡利弊，尤其是欠发达地区，应当在维护生态平衡、保护自然景观的前提下，进行经济文化建设，实现可持续发展。

（二）文化特征原则

文化以景观为载体，在城市化扩张的过程中，大量文物正在流失。事实上，历史遗迹拥有巨大潜力，保护得当，往往成为重要的城市历史文化景观。开发景观，应当充分利用当地文化资源。当旅游满足娱乐需求后，就会转向为更高层次的精神需要。在关注景观建筑的同时，对建筑文化进行展览，通过展览厅、博物馆等形式，直接介绍建筑历史背景和文化内涵，给游览者带来清晰的视觉体验和感官。另外，还需要尊重当地风俗习惯，以全面提升景观价值。城市景观的文化特征，要求隐性文化与可视景观相结合。

（三）时代发展的城市特色原则

1. 注入新活力

城市景观在展示独特自然性和文化性的同时，还具有鲜明的时代特点，它的发展过程实际上就是城市的演变史。因此，在景观规划设计中，在尊重历史的同时对未来进行预测，在园林建设中注入时代因子，为景观的可持续发展注入源源不断的生机和活力。

2. 虚拟现实景观设计在未来城市规划中的指导

现代科技手段的进步，推动了城市规划、设计和管理的革新。尤其是计算机技术的广泛运用，虚拟现实技术理论趋于成熟，都为未来城市景观建设奠定了有力的技术支撑，成为城市动态规划的新型手段。

3. 虚拟景观与城市规划分析的可视化计算

现如今，城市规划逐渐应用可视化技术，并取得一系列成果。一般来说，建立在大量调查和分析基础上的景观规划设计，多采用定性、定量和空间模型等分析方法，综合性强、覆盖面广，但计算量也繁重。而利用可视化技术，对数据加以分析，以直观的图形展示分析结构，同时采用交互方式调整传输参数，对变化进行实时观测，大大便利了计算。

4. 协同设计

通过现有网络通信机制，进行城市规划远程协同设计，有利于实现多用户的虚拟城市景观的设计。

三、城市景观生态化设计

城市规划旨在满足社会经济发展和保护生态环境，便于居民的生活、工作、休闲娱乐等活动。在城市规划中，景观规划占据重要的地位，直接影响城市规划目标的实现。在城市环境快速发展的背景下，科学设计城市景观规划，坚持前瞻性原则，用发展的眼光进行设计，打造一个文明、可持续的城市环境，实现人与自然的和谐相处。

现阶段，景观设计受到广泛重视，与生态、地理等多种学科呈现融合趋势。在具体的建筑设计和规划过程中，应当充分考虑周边自然环和人文环境，努力为居民提供一个更加舒适、便捷的景观环境，提高景观的社会效益。一般来说，城市景观生态化规划，包括以下三个方面。

（一）城市景观规划设计中的生态意识

生态意识，要求在人与自然相互作用和相互依存的基础上建立自然生态观。从本质上来看，人应当与自然和谐相处，在尊重自然规律的基础上，发挥自身的主观能动性，对客观世界加以利用和改造，营造一个优美的居住环境。景观规划设计，是一门以土地上的物体和空间为人类创造安全、高效和舒适环境的科学，是人类社会实践的产物，集中体现人类的价值观、伦理观，折射出人类的欲求和梦想。

现代景观规划设计，建立在人类产业化和人文精神基础上，旨在构建人与自然的和谐关系。相比于传统园林，现代景观以人与人类生态系统为服务对象，注重人类和环境资源的可持续发展。

在城市景观规划设计中，应当树立环保意识，尊重自然规律，实现建筑设计与自然的协调发展，有利于维护当地生态环境，尽可能保护更多的自然元素，推动人类社会的可持续发展。这种设计理念，与古人强调的"天人合一"思想相契合，强调人与自然、建筑与自然的和谐。在实际设计过程中，在风水理论指导下，仔细考察当地自然条件，合理使用和改造自然，为人们创造更优美的生活环境。事实上，一个完美的景观设计，往往是建筑与自然景观相结合的产物，这从世界范围内众多知名景观中就能看出来。

（二）城市景观规划中生态设计策略

经过多年的实践，我国生态建设有了长足的发展，城市生态建设成为绝大多数人的共识。生态城市，是城市生态化发展到一定阶段的产物，是和谐社会经济和生态良性循环相结合的有机整体，有利于实现人与自然的和谐共生，打造美好家园。

自然和人为因素都会给景观设计带来一定的影响，影响的程度直接影响设计的效果。适度的人为干预有利于增强景观的异质性，提高景观自我恢复能力；过度的人为干扰则会影响景观的生态平衡，带来一系列的负面影响。

在功能价值方面，作为一种视觉特征强烈的地理实体，景观在经济、生态和审美方面都有较大的价值。

城市景观生态规划设计，应当树立合理生态性意识，在尊重自然的前提下，从人类长远利益出发，考察区域内景观与生态系统结构、物质流动性特征及实施生态风险的规划，打造适宜的生态环境，促进生态系统的平衡，实现经济效益、生态效益和社会效益的统一。

（三）生态原则在城市景观规划设计中的运用

景观规划设计涉及诸如生态经济学、建筑学、环境艺术等多个学科，在设计的过程中，应当将景观视为一个整体，把握人与环境、社会经济发展与环境资源之间的关系，坚持科学性与艺术性相统一的原则，实现空间布局效益的最大化。目前，"关于人类使用的土地和室外空间问题"是景观设计首先要解决的问题，这是因为景观规划与生态联系紧密，直接影响生态环境。

作为一种新的景观设计目标，生态价值取向是未来景观设计的必然趋势，体现人类全新的审美理念和价值体系，有利于真正意义上实现人与自然的和谐相处。在景观规划设计中，分析生态环境的适宜性应当做到以下几个方面：评价生态类型元素；结合区域景观资源和环境特征，选择典型的生态特征；根据景观多样性和功能，分析景观美学价值，在此基础上确定景观类型的适宜性和限制性，从而对类型进行等级划分。一般来说，分析景观适宜性的方法包括整体法、因子叠合法、数学组合

法、因子分析法、逻辑组合法。由此可见，景观规划设计具有艺术性和科学性特征。

城市园林绿化建设，要求在景观生态学理论指导下，以城市为主体，对绿地系统和城郊风景区进行规划和管理。从生态学角度看，城市具有典型的"人工味"，且处于不断地动态变化当中，属于景观的一种特殊形式，以破坏自然景观、拓展人工景观为主。随着工业板块的增加，环境质量不断下降，区域绿色空间和环境资源锐减；城市平均净生产力为负值。在这样的背景下，相比于其他景观，城市想要维持正常运转，就必须依赖更多的能源和燃料。

在城市绿地体系中，城市公园系统占据相当一部分比重，是主要的城市生态景观，既有自然因素也有人为干预，有引进拼块也有残留拼块，景观元素类型多样、异质性较强。城市公园景观有利于改善区域生态环境，同时吸引更多的人来游览和放松。

总而言之，当下城市景观质量问题较为严重，城市可持续发展的关键在于，建立科学有效的管理机制，提高景观生态质量，主要途径有：其一，减少污染源；其二，增加绿化面积，提高城市自我净化能力。城市绿地系统的建设情况，直接影响城市景观质量，因此在建设的过程中必须贯彻生态意识，充分发挥绿地系统的功能和效益。

第二节　公园绿地景观规划设计

一、城市公园绿地景观概念

作为城市绿地系统的关键一环，公园绿地景观为城市提供大面积绿化，同时为不同年龄、不同职业的居民带来丰富的休闲、娱乐内容，在文化教育、休憩娱乐、展现城市风貌和保护环境方面承担重要的角色。

城市公园为居民接触大自然、愉悦身心创造了有利条件，是重要的公共绿地空间。我国城市公园建设工作一般是政府或公共机构完成，具有非营利性，这就更需要重视城市公园绿地景观规划设计，发挥其最大效益。在经济迅速发展，城市化不断扩张的背景下，城市居民对公园绿地在绿化美化、娱乐、健身等方面的需求存在较大的差异，这就需要不断提高城市公园质量，推动人文环境和生态环境的改善。

在现代城市公园景观规划设计中，应当建立在城市可持续发展基础上，结合居民实际需要，在相关规划设计理论、经验和实践指导下，遵循城市发展规律，制定科学的规划设计，推动城市现代化建设。

二、综合性公园功能

（一）政治文化方面

文化公园，指以特定文化为内容，采用现代化技术手段和多层次空间活动设计方式，打造的集娱乐、休闲、服务于一体的现代旅游场所，是自然和人文旅游资源之间的一种形式。新中国成立后，尤其是改革开放以来，我国经济实现了突破式增长，这为现代文化公园的兴起提供了坚实的经济基础，公园的规模日益扩大、投资不断增加、内涵更加丰富。然而，在这欣欣向荣的背后，不少文化公园面临着经营窘境。

现阶段，在我国各类文化公园中，超过六成处于亏损状态，盈利的不足十分之一，半数以上甚至连投资成本都收不回来。究其原因，我国文化公园建设在短期经济利益驱使下，存在机械模仿和跟风情况，缺乏个性，容易让游客审美疲劳。公园的建设忽视了传统文化、可持续发展动力不足、再现能力欠缺等，都是当今文化公园亟须解决的时代课题。

1. 有了公园，丢失了"文化"

纵观我国文化公园发展史，它以游乐园为原型，起初是与影视相结合的产物，如美国迪士尼乐园。我国文化公园起步较晚，但发展速度快。自从国内首个文化公园深圳的"锦绣中华"出现后，国内文化公园如雨后春笋般涌现，内涵也有了极大的丰富。然而，大多数文化公园在建设之前，没有考虑市场需求，加上缺乏历史文化底蕴，个性表现不足，缺乏生机和活力，最终面临的只有被淘汰的结果。文化公园想要在市场立足，必须具有良好的观赏、参与和休闲娱乐功能，明确文化定位是制胜的前提。一般来说，公园的投资较多，如果定位不当，就很难取得良好的效益，能否收回成本都未知。总而言之，我国目前的文化公园存在重复建设、跟风严重、缺乏个性等问题。

2. 门票虽高，亏损却更加严重

文化公园的盈利模式，需要借助一定的物质利用手段，核心在于获取现金流入的手段组合，常见的盈利手段有以下三种。

（1）旅游门票。收取门票是文化公园最基本的盈利模式。

（2）游憩产品服务。文化公园通过为游客提供相关的游憩服务和体验来增加收入，这是核心的盈利模式。

（3）旅游综合服务。文化公园通过提供餐饮、住宿、购物等服务来获利的一种重要手段，属于外延盈利模式。

我国大多数文化公园多限于门票盈利模式，门票收入甚至占据总营业收入的八成以上，这说明收入结构存在不合理的现象。另外，国内文化公园门票相对高昂，餐饮和商品经营都建立在高价位基础上，忽视了公园传递的文化内涵，相关宣传力度不高。从游客的角度看，由于文化公园内涵的缺失，游客大多是走马观花式，将其视为一般的旅游景点，在感受不到独特的文化特色后，自然不会再次光临。如此一来，文化公园在短期无法收回成本，只能不断上调门票价值，从而形成一个恶性循环，久而久之，来游玩的人就更少了。

3. 客源市场本地化，文化吸引力不足

文化公园客源市场分为现实客源市场和潜在客源市场。我国目前文化公园正常运作的目标市场是以公路运输为主的客源市场，本地化倾向明显，尽管这一定程度能够提高对公园的认同感，但现代旅游已然成为人们探索异地文化的重要途径，客源市场的本地化，对外地游客的吸引力不足。因此，文化公园在建设过程中，既要重视本地客源市场，也要兼顾外地客源市场。

一座成功的文化公园，应当包括两方面内容：其一，独特的文化；其二，围绕文化进行的包装，功能定位一般从传统文化和政治两个角度入手。我国地广物博，文化博大精深、源远流长，有着独特的魅力。因此，国内文化公园应当充分利用中华悠久传统文化资源，打造自己的品牌，突出特色和个性，从内容上吸引游客的兴趣。实际上，文化公园销售的是"文化"，为此需要充分挖掘当地文化内涵，这又体现在区域文化的一致性方面。

一方面，文化公园应当旅游业产业模式与自身的文化内涵结合起来，通过弘扬文化带动旅游业的发展；另一方面，从多个维度展示当地文化特色，打造富有特色内涵的旅游产品。对此，文化公园需要仔细研究当地文化因子，把握当代文化精髓，对当地文化有一个清晰的认知。在围绕特色文化的同时，进一步探索文化因素，避免盲目跟风的行为。

（1）挖掘区域文化特点。在如今的体验旅游时代，当地的风土人情和独特文化是最吸引游客的地方。通常来说，越具有文化特色的景点，吸引力和生命力越强。对于文化公园而言，需要找出与当地传统文化相契合的文化资源，将其作为发展命脉，给游客带来丰富的体验。

（2）以不变应万变。"不变"指保留文化的原汁原味，"变"要求根据市场实际情况进行适当调整。国外文化公园的成功之处在于，能够深刻挖掘当地的文化属性，赋予产品浓厚的"文化味"。我国也有比较成功的文化公园，如香港的"迪士尼乐园"，在保留传统迪士尼特点的基础上，融合东方人的审美趣味，取得了良好的经济效益和社会效益。

（3）丰富展现文化公园内涵的表现形式。一个前景开阔、富有生命力的文化公园，以具备独特文化内涵为前提。具有独特内涵，但缺乏有效的展示形式，就无法形成品牌效应，也就无法对游客形成吸引力。因此，公园景观规划设计，在把握当地文化历史和现有旅游资源的同时，还应当采取各种表现手段去增强游客的文化认同感。对于一个旅游景区来说，它的文化氛围、景点、城市形象和经济发展程度会给游客留下一个综合印象，所以文化公园建设应当尽可能与游客综合印象保持一致性，充当传播特色文化的载体。

提到杭州，会让我们联想到秀丽的西湖、壮阔的钱塘江，盛极一时的南宋。杭州仿"清明上河图"建"宋城"与人们对城市的总体印象一致，但并不宜建"世界城"。无锡的"吴文化公园"也与其江南文化名城的形象一致，但在建"唐城"方面，作为唐文化中心的西安，显然更适合。深圳作为经济特区，是了解和接触世界的"窗口"，建立的"世界之窗"十分自然。北京作为我国政治、文化中心，有着长城、故宫、颐和园等多处名胜，其所打造的"世界公园"与这些名胜相比，吸引力显然不足。文化公园想要实现可持续发展，必须不断丰富文化内涵，完善、更新相应的文化产品，树立自己的品牌，调动游客的参观、游玩兴趣，从而创造更多的经济和社会价值。

（4）在深度挖掘的基础上更新文化。一个具有生命力的文化公园，"啃老"是行不通的，只有在充分挖掘传统文化的基础上进行文化创新，丰富文化创意，将文化与现代娱乐内容相结合，才能更好地满足现代人的休闲、娱乐需求，产生新的吸引点。

4. 文化公园建设带来的启迪

（1）明确文化定位，吸引客源市场。在这方面，深圳文化公园在筹建阶段，就有明确的定位。"锦绣中华"将我国风景名胜集中于一园，在展示东方园林和中华民族神采方面显得生动、形象，在当时无疑对游客具有一定的吸引力，从而获得了巨大的经济效益；"世界之窗"让国人感受西方文明的豪华气派和高雅；"欢乐谷"有东方童话的影子。这些公园都有自己鲜明的景致和特征，互为补充，交相辉映，和谐共生，它们以中高等收入群体或国外游客作为主要客源。纵观我国其他文化公园，在经历开业之初的昙花一现之后，便难以为继。

（2）以文化为纽带整合当地旅游资源。一个地区的旅游资源看似各自为营，但经过深入挖掘后会发现，这些旅游资源都是以当地独特文化为养料，是一个有机的整体。当下旅游业提出摒弃以往各自为体的方式，发展"大旅游"观念。一座成功的大型文化公园，不仅能为公园带来巨大的经济效益，同时也能够带动周边交通、住宿、餐饮等方面的发展，成为一个强有力的"经济发动机"。大多数地方政府都希望有一个文化公园带动当地经济的繁荣，并为公园的建设、宣传和营销提供了不少的支持。在这样的背景下，借助政府力量整合当地旅游资源是文化公园最佳的发展模式，建立在本地文脉基础上的文化公园，充当"龙头"作用，推动着周边经济的健康发展。

（3）借鉴旅游业经营发展模式。我国文化公园的主要收入在于门票，这也导致大部分景区门票价格较高，让低收入群体望而却步。打破这种僵局，文化公园必须寻找其他的盈利点。比如，外地游客来游玩时，往往需要考虑住宿问题，对此公园不妨建设相应的酒店、度假营地、购物中心等，丰富经营模式，提高综合收益。

（二）游乐休憩方面

根据公园绿地的功能和内容，我国公园一般有综合性公园、纪念性公园、儿童公园、动物园、植物园、古典园林、风景名胜区等类型。相比于专类公园，城市综合性公园属于现代公园范畴，是供城市居民休憩、游览、娱乐、学习的、具有一定规模的绿地。大多数综合性公园内容丰富、设施完备、规模较大，同时有着明确的功能分区，如娱乐区、游览区、休憩区、活动区、管理区。下面以我国 S 综合性公园为例介绍各大功能分区。

S 公园建于 1961 年，占地面积 530 亩，这里有仙溪园、月影湖公园始建于 1958 年，占地 513 亩。这里钟灵毓秀、景色优美，有羲和园、星泉湖、鹧鸪岛、植物园、儿童乐园、光阴桥、烈士陵园等，称得上一座具有浓厚历史文化的综合性公园。公园由文化娱乐区、观赏游览区、安静休息区、儿童活动区、老人活动区、公园管理区等板块组成。

1. 文化娱乐区

文化娱乐区，用于游客进行游玩、娱乐，人员较为密集，是公园中的"闹区"，如公园的银杏舞场、旱冰场、马场等，设于公园的中部，成为公园布局的构图中心。在布置的过程中，为避免游客活动内容的干扰，可以利用树木、山石、土丘等加以隔离。

2. 观赏游览区

观赏游览区，主要供游客参观、欣赏，相当于公园中的"静区"，如星泉湖、光阴桥和花卉观赏区等都有不少游客驻足观赏。为提高游览效果，该区域多选择在植被条件良好的地段，同时参观道路上的材料铺张、宽度变化需要适应景观的展示和动态观赏的要求。

3. 安静休息区

安静休息区，在整个公园中占地面积最大，专门为游客提供休息、学习及相对安静的活动，如太极拳。建造安静休息区，应当采用多种园林造景要素，进行巧妙组织、设计，打造一个环境优美、舒适，生态效益良好的场所，多用于开设垂钓、散步、阅读、等活动，可结合自然风景设立亭榭花架。为避免受到干扰，休息区应当与闹区有一个隔离带，同时远离出入口。

4. 儿童活动区

为满足儿童的特殊要求，在公园应当设置一定的儿童活动区。儿童活动区，一般布置在公园主入口，便于孩童入园之后尽快到达区内开展自己喜爱的活动，如光阴公园内的儿童游乐园，设有碰碰车、跷跷板等。儿童区的建筑、设施应考虑儿童的实际情况，做到色彩鲜艳，富有教育意义；为保证儿童的安全，区别应栽培无毒、无刺、无异味的植物。同时，儿童活动区要设置如坐凳、花架等休息设施，供家长休息。

5. 老人活动区

现阶段，我国"未富先老"，老龄化现象严重，老年人在城市人口中所占的比例日益增大，关爱老年人和保障老年人的权益是必要的，公园中老年人活动区成为公园绿地使用频率较高的区域。

S公园专门为中老年人设置了"夕阳园"，环境幽雅、风景宜人。老年人活动区一般设置在观赏游览区或安静休息区附近，配备一些适合老人活动的设施，如下棋、压腿杠等。还可以在附近设置的长凳和些许楼台亭榭，以供老年人进行活动。

6. 园务管理区

园务管理区，旨在维护公园秩序，满足公园管理的需要。在规划设计时，应当设置办公室、值班室、广播室、食堂、花圃等，管理区需要便于与街道联系，设有专用出入口，不与游客混杂。该区域尽可能隐蔽，不暴露在风景游览的主要视线上。此外，还可以设置派出所和相关管理机构，以应对突发事件，维持园内秩序。

（三）科普教育方面

1. 以科普活动为载体，开展丰富活动

举办形式多样的科普活动，结合诸如禁毒日、全民健身日等活动开设相应的文艺宣传活动，在辖区有关单位的支持下，借助各种社会资源进行科普教育，拓宽人们的知识面，满足游览者求知需求。组织志愿者、居民参与科普活动，邀请相关专家、教授举办科普类讲座，开设有关节能环保、食品安全、卫生保健、防震减灾等知识座谈会，提高广大居民科学素养。同时，利用学生寒暑假活动开展相关的科普活动，引导学生亲近自然、热爱自然，调动学生的求知欲和探索欲，培养学生动手实践能力，帮助学生养成积极乐观、敢于创新的人生态度。以"科技周""全国科普日"为契机，推动科普教育活动走向高潮，强化居民的科学意识，养成健康、文明的生活方式。

2. 抓示范、突出特色，全面提高居民科学文化素质

在科普教育中，发挥"以点带面"的效果，推动科普工作的深入开展，在组织好大型科普活动的同时，充分结合当地资源、辖区单位和文化公园教育基地，提高科普教育效果，组织和吸引居民参与到科普教育活动当中，探索相关建设工作的理论和具体方式。对于社区的工作者来

说，可以通过以下几个措施打造当地科普教育特色品牌。

（1）结合主题定期举办科普文艺活动，将科普教育融入文化当中，以科普促文化，让科普走进千家万户。

（2）组织好"食品安全""防灾减灾"等主题宣传活动，邀请检察院、法院的干警为居民讲解常用法律知识，从法律、文化、科技等多方面满足居民的科普教育需要。

（3）完善社区家政健康服务，邀请社区卫生服务站医生为居民免费诊疗，帮助困难居民解决"看病难"问题。

（4）建立社区居民科普服务平台，开通社区科普网上服务，让居民借助网络了解相关科普知识。

（5）借助社区宣传阵地，弘扬社会正能量，坚决抵制歪风邪气，通过定期组织居民观看影视剧等方式，引导居民养成健康、文明的生活方式，树立起崇尚科学的意识。

在进行科普教育的过程中，相关工作人员应当充分利用辖区公园等开放性场地，以"弘扬科学、服务群众"为宗旨，调动广大居民参与到社区管理和建设工作当中，推动科普教育工作的深入发展。

三、综合性公园建设方向

（一）市级公园

1. 突出植物造景，提高景观质量

公园景观的质量，直接影响游客流量。植物造景是公园景观常用的布局手段，能够较好地展示园林的独特魅力。如北京的香山红叶，吸引全球范围内的游客。中小城市的世纪公园，植物种类较少、品种单一，以当地常见树种为主。对此，公园需要制定统一的种植设计计划，促进

植物品种的更新改革，适当引进欣赏价值较高的树种以提高公园景观质量。比如，我国北方公园可以引进南方常绿阔叶树种，在树林草地以带状对花卉进行点缀，提高景观效果；在出入口、广场和重点区域装点花草树木，为游客带来万紫千红的视觉效果。

2. 充分利用自身的优势，突出建设特点

近些年，我国部分城市专类公园建设异彩纷呈、层出不穷，像北京的民族园、苏州的盆景公园、沈阳的百鸟公园等，都有鲜明、独特的优势。对于市级公园而言，如果风格千篇一律，势必会引起游客的审美疲劳，味同嚼蜡，所以在建设的过程中应当具有自己的风格，打造自己的品牌。以唐山的大钊公园为例，园内以水面游船和花舟鱼跃景区为主，为景区带来不菲的收入。其中花舟鱼跃的水族馆引进国宝级动物，成为青少年、儿童普及科学知识的理想场所。

凤凰山公园以市区风景为主，设施齐全，通过开展综合服务运动为景区带来一笔可观的收入。大城山公园以动物区为主，供游客欣赏各种飞禽走兽。现如今动物区朝着生态化方向发展，拉近了动物与游客的亲近感；部分动物还能为游客表演节目，获取不小的收益。

3. 游艺项目强调新颖独特

游艺项目是公园的主要收入来源，但国内部分公园游艺装备陈旧、落后，不仅造成资源的浪费，还有一定的安全隐患。对此，应当及时淘汰部分过时装饰，配备效益更好的项目，供游客娱乐。游艺项目对青少年具有较大的吸引力，在引进时应当结合青少年身心特点。

4. 拓宽公园经营渠道

公园面向的是游客，想要吸引游客，经营项目必须富有特色。比如，在中小城市公园中，考虑到本地人较多的情形，重点应在饮食方面，如

在公园边角引进传统风味小吃，这样既不占用绿地，还能增加景区收入。另外，适当销售旅游纪念品，以满足部分外来游客需要。公园可以利用得天独厚的地理优势，承揽广告业务，将广告与园林艺术巧妙地融合在一起。充分利用社会资源，加强园林绿地服务建设，通过开设鲜花商店等第三产业实现增收目标。

（二）区级公园

城市的区级公园以行政区居民为服务对象，是全市公园绿地的重要组成部分。一般来说，区级公园规模根据行政区居民数量而定，要求内容丰富、设施齐全，服务范围需要适当，周边有便捷的交通设施。

四、现代城市公园景观规划遵循的原则

（一）因地制宜原则

城市公园绿地景观规划设计，应当与当地人文环境相适应，尊重当地风俗习惯、满足当地居民审美特征。同时，根据当地自然条件、空间环境、动植物类型等因素进行科学设计，实现人类与自然的和谐统一。在设计中，尽可能减少对生态环境的损害，打造一个气候宜人、环境优美的居住空间。

（二）总体规划原则

作为一个综合性景观，城市绿地公园是城市的重要组成部分，在规划设计的过程中，应当以公园为基础，把握公园与城市之间的联系，从整体上进行建设，发挥公园的最大效益和功能价值，促进城市的可持续发展。公园绿地建设从空间、生态、功能方面入手，打造一个有机的整体，有利于改善城市环境，优化整体空间，提升城市形象。

（三）以人为本原则

现代城市绿地公园重视人与人之间的和谐，注重人与自然、人与社会的协调发展，这体现了"以人为本"的设计原则。通过人与人的互动，在把握人与自然、人与社会关系的基础上进行公园的规划设计，体现出景观的人文关怀，能够更好地满足现代人们的生理和精神需求，提高城市服务水平。

五、现代城市公园景观规划要点

（一）现代城市公园景观布局形式。

1. 规则布局形式

我国城市公园受传统建筑轴对称结构影响，注重对称美，强调整洁、开放，往往采用几何形态的布局方式，以展现景观的秩序、平衡与协调。这也是现代城市公园景观规划常使的一种方式。

2. 自然布局形式

部分城市公园在地形地貌方面有着得天独厚的优势，可以根据当地自然环境进行布局，设计的建筑和设施尽可能与周边环境相协调。这种布局形式灵活性较强，采用不规则的几何形状和自然风格。

3. 混合布局形式

大城市公园一般采用混合布局形式，在注重景观对称和规则的同时，采取自然布局模式，追求曲径通幽、欲扬先抑、活泼玲珑等特殊效果，彰显现代城市公园景观的和谐、自然。

（二）现代城市公园景观功能分区

1. 文化娱乐区

布置必要的文化娱乐区，如公共游乐场、旱冰场、游泳池等设施。考虑到该区域人流相对密集，应该尽量设置在公园出入口附近，运用假山、灌木丛等加以间隔，促进文化娱乐区和周边人文环境的和谐。

2. 安静休息区

规划相应的安静的休息区，供人们在安静场所阅读、观赏和休闲。在该区域，可以布置相应的花草树木、雕塑等。

3. 设置建筑小品

规划建筑小品。休息类：桌椅、遮阳伞等；装饰类：喷泉、水池、窗景；展示类：导向板、导向标、公告栏。在现代城市公园景观规划中，这些建筑小品既能满足人们的多样化需求，又是一道美丽的风景。

六、面积和位置的确定

（一）面积

一般来说，现代城市公园景观面积不少于 10 公顷，人均面积在 10～30 m^2。游客容量一般是服务范围的 15%～20%；50 万人口以上的城市，全市范围的综合性公园至少容纳十分之一的游客。在具体的规划设计中，公园景观需要根据城市规模、性质、用地条件、气候、绿化状况、在城市中的位置与作用等因素，进行综合考虑，确保设计的科学合理。

（二）位置

现代城市公园绿地位置的规划，应当围绕城市总体规划和城市绿地系统规划进行设计，在落实的过程中应考虑以下六方面内容。

（1）方便居民使用。

（2）利用不宜工程建设及农业生产的地形。

（3）具有水面及河湖沿岸景色优美的地段。

（4）现有树木较多和有古树的地段。

（5）有历史遗址和名胜古迹的地方。

（6）现代城市公园绿地规划设计，应当坚持近期规划和远期规划相结合的原则，以便留有发展用地。

七、公园游客容量

公园游客的容量，指在游览旺季高峰期时公园内的游客数量，为内部设施数量和大小设计提供依据。公园管理，指通过控制游客数量，避免公园因超负荷接收游客，造成人员伤亡和园林设施损坏等情形，为合理地规划城市绿地系统奠定了基础。

城市公园是城市建筑和功能区群体，发达地区的城市公园功能更加丰富多元。作为城市公园的主体结构，公园景观是城市的"名片"，为居民提供休憩、游玩、交往等活动提供场所。随着现代化进程的推进，城市公园必然会有更大的发展，这就需要充分做好相应的规划和设计工作。

第三节　住宅区景观规划设计

通过景观规划设计一个优美的居住环境，能够提升整个居住区的文化品位，赋予其个性，在各方面带来可观的价值。景观设计的目的，在于让繁忙的人在有限的时间和空间下接触自然，获得身心上的愉悦。因此，在设计中应当结合水景和绿色景物特点，但过分强调自然忽视文化内涵，却会显得肤浅。因此，只有赋予景观在尊重自然的前提下，赋予景观文化色彩，才能实现景观规划设计的可持续发展。

一、规划设计理念与思路

现代住宅区是小区居民欣赏娱乐休闲的重要场所，在设计中应当全方位、立体化考虑设计空间与自然空间的结合，重视平面组成和功能分区，强调全方位的立体分层，利用桩土边坡、下沉式网球场、地板高度、建筑布置等手段进行空间布局。

平面构成线条流畅从容、大度，空间分布错落有致、富于变化，赋予景观季节性变化，使得整体景观看成为一个四维空间，让景观无论从平视还是鸟瞰的角度得到立体化视觉效果。在设计中贯穿自然生态理念，同时实现人与自然环境的和谐。

在住宅区规划设计中，花园功能也是重要的一个方面，在划分功能区过程中，在结合自身特点前提下，考虑整体风格进行人性化设计，以吸引更多人走出家园，融入自然，提高生活质量。

（一）规划主题

以自然为主题的景观设计和景观生态功能。

（二）设计原则

1. 人性化原则

在房前屋后填满绿色，留有适当发展空间，注意不同休闲空间的开

放性和半隐私性。考虑人的亲水性。

2. 生态原则

"生态""绿色"成为当下环境必然发展趋势。设计师们应当通过种植相应的绿色空间，以屏蔽喧嚣，亲近自然，满足人们视觉和心理方面的需求。

3. 文化特色原则

传统文化景观能够增强人们的认同感和归属感。因此，在设计中应当以传统文化为基础，赋予景观文化内涵。

4. 简单就是美的原则

苏州传统建筑园林设计，通过现代设计方法理念，对各种简单元素进行组合，在表达传统古典雅韵的同时，体现现代主义简洁，符合当代人的生活方式和审美趣味。

（三）规划原则

1. 场地原则

突出原创意义和特点。

2. 功能性原则

满足市民休憩，娱乐出行需要。

3. 生态学原则

发挥社区在城市生态系统作用，强调人与自然共生关系。

4. 经济原则

高效利用场地条件，减少工作量。

二、规划布局与功能分区

（一）横向延水景观带

自古以来，人就有亲水性。因此，在设计过程中，可结合住宅区地理优势，突破传统技术的束缚，利用现代化技术借助水营造居民区的整体风格，不妨进行这样的设计：从远处看，楼盘在一片绿色围绕中，宛如一位亭亭玉立的佳人，带给人们无限向憧憬。同时，使用具体环境、不同材质和路面来对空间进行划分，形成多种场所。设置五颜六色灯光，为夜晚水面添加迷人风采。为居民提供晨练场所；让居民傍晚在艺术彩墙边徜徉。滨水步道错落有致，富有变化，让居民从每个位置，每个角度看到的景观都是不一样的，给居民新鲜感觉。这样的景观能够创造出新的生活，赋予新的内涵。

（二）架空层

在设计底层架空层时，利用底层面积，突出交通、休息、娱乐功能，并设置半开放、半封闭设施。在公园内部设有俱乐部，提供休憩场所。运用借景、框景、障景等艺术手法，扩大户外空间，发挥景色深度作用。

在植物选择中，结合当地实际情况，采用耐阴性，抗风性较强的植物，并搭配相应的雕塑和场地硬质景观，打造和谐、温馨的公共场所。

（三）灯型选择

在景观照明设计中，一般来说，浅颜色更具柔和性，但在保证光线

散布中有一定的难度。因此，在夜间灯型选择，坚持"软""硬"兼备的原则。在研究地区灯具造型的同时，结合地域文化特色，实现艺术性、趣味性和参与性的结合。如中国结的灯光雕塑，利用的是数学拓扑中的悖论原理，环是一个立体空间，由若干个面组成，象征中华民族凝聚力、向心力。一个空间结构由上百个间距一样的中国结不锈钢网组成，霓虹灯采用分布式结构。在设计中可以利用现代技术中的自动控制系统，让灯光在面上流动，首尾相接，以体现景观设计的文化性、趣味性和科普性。

（四）道路系统

住宅区建筑景观规划设计中，应坚持人性化原则，重点考虑交通、消防方面的因素，实现有效配合，明确主道路和建筑；将每个分区结合在一起，在人流量大的地方，应当留有充足的活动空间，以便及时进行疏通和引导。在次要道路系统设计中，应坚持多样化设计风格，配备相应的长椅、雕塑、小物件。在道路两边设置情调丰富的标志和路灯，在发挥照明功能同时，凸显景观文化主题，赋予景观更多的人文内涵。

（五）绿化配置

绿化配置应遵循适地适树原则，考虑当地建筑风格，注重多样性和季节性。通过多层次，多品种的植物搭配，并结合各自特点，实现疏密、高低有别，在颜色变化和空间组织上富有变化，取得最佳视觉效果。

（六）植物选择

一个舒适优美的居住环境，对绿化植物的选择和配置有较高的要求，在绿化植物搭配时，一般遵循以下几个原则。

1. 以绿化为主

一般来说，在住宅区采用常绿和落叶乔木、速生树木和生长缓慢树木乔木和灌木相结合方式，让居住区保持终年绿化效果。同时，应当避免植物栽植的凌乱、集中，使植物景观在一致中改变、丰富中统一。

2. 结合当地一条气候条件，以便后续管理

尽可能选择病虫害少和当地树种，如垂柳、银杏。草花多选择树根生、自播繁殖能力强的，如虞美人、波斯菊等。

（七）停车场

景观住宅区景观规划设计，应当采用现代技术将传统元素用简约线条勾勒出来自然呈现景观形态，以满足现代人归属感、对自然的向往和对水的亲和力，进而促进居民身心健康。在设计停车场时，设计师应当充分考虑居民内在心理感受，在设计中实现景观的减压效果。

第四节　校园景观规划设计

和谐、自然、高质量的大学校园环境，是开展科学研究、提高教学质量的环境保障，这是所有高校景观设计师需要考虑的方向。随着我国教育事业的蓬勃发展，校园环境建设有了更高的要求。部分高校急功近利，盲目扩大用地和校舍规模，忽视项目质量，给广大师生的人身带来了安全隐患。新世纪首个十年，部分高校启动校园环境促进工程，开展相关教育、爱心、文化景观建设，试图打造优美的校园环境，如武汉大学、中山大学等，不仅师资力量雄厚，校园环境在国内也名列前茅。

校园景观规划设计时，在立足于绿地面积和教学环境改善的同时，

应当注重体现人文关怀，营造良好的校园风气，潜移默化地影响学生的精神品格，以和谐的校园景观带动城市景观的发展。

一、高校景观设计背景和问题

近年来，高校不断扩招，大学生数量急剧增加，导致不少高校面临改革、扩建及建立新校区等问题。我国高校的扩建的过程中，营造出一个优良的可持续发展的校园氛围，成为高校规划建设中的关键环节。然而，目前我国高校校园景观规划设计仍存在不少问题。

（一）忽视生态问题

我国高校在建设的过程中，一定程度忽视了自然环境，在生态建设和规划方面的重视力度不够，影响了校园周边的自然生态，对校园的可持续发展带来不利的影响。

（二）缺乏人性化设计

大学校园，不仅需要提供学习、运动、休息的场所，还应当创造各种条件加强师生、学生之间的交流和互动。因此，在校园景观设计中，应当营造自由的校内外交流空间，提高学生的社会适应能力。

（三）缺失文化元素

一所知名的高校，往往具有自己独特的校园文化，这也是校园景观多样性的集中表现。然而，我国大部分高校在建设中采用千篇一律的人工建设方式，使校园文化得不到充分的展示。

二、校园景观设计分析

作为一个复杂的综合体，校园景观规划设计不能仅限于解决问题，还需要立足于当地的文化特色，为校园设计注入时代精神和文化内涵，推动校园环境功能、经济和技术的优化。只有这样，才能打造一个可持续发展的、和谐的、优美的校园环境。

三、校园景观设计功能

（一）学习功能

当下，高校培育综合性人才的主阵地，优良的校园环境是学生日常学习、生活的重要保障。在设计规划的过程中，除了具备赏心悦目的功能之外，教学楼、实验楼、图书馆、宿舍等建筑的距离也要适当，以便学生休憩。同时，在校园中应当提供充足的绿色遮阳区，供学生进行阅读和背诵。研究表明，良好的景观环境，能一定程度上激发人的思想和激励人的行为。在优美的校园环境中学习，往往能取得事半功倍的效果。

（二）休闲沟通功能

现代高校旨在培养适应社会发展的人才，不仅要求学生掌握相当的专业知识技能，还需要具备良好的沟通能力和强健的体魄。而一个良好的校园环境，是促进师生、学生交流，进行户外运动的理想场所。

四、校园设计的人文精神

作为一个特殊机构，高校具有深厚的历史文化底蕴、高雅的文化氛围和多样的人际环境，是开展人文教育的神圣场所，对培育学生思想、道德情操具有潜移默化的作用。在校园景观设计中，围绕一个独特、具体的校园主题，将人文元素与校园，校园绿化工作结合起来是有必要的。

现代环境追求和谐、自然状态，大学校园环境也不例外。大学高校校园的可持续发展，必须以一个美丽自然的校园景观为保障，只有这样，才能实现与自然环境的和谐。

大学现校园建设的一个显著特征在于艺术化，校园景观设计应当不断创新和发展，实现艺术突破，这就要求具有相当的艺术水平，这样的作品才能引起师生的关注和重视。在校园景观规划设计中，根据校园改造的框景、借景、对景、障景等艺术手法，突出当地特色，将民族精神赋予其中。比如，创作代表学校历史传统的雕塑，实现校园景观的水平的升华。校园节点是景观不断升华的视线焦点，这是一个交叉点，也可能是转折点，丰富了校园生活。通过整合节点景观，为学生营造更多富有特色的交往空间和阅读场所，如为美术学生设置专门的写生区等。

增强功能和解决问题是现代校园景观设计的核心，这需要在设计中关注更多具体的功能形式，面对现实的自然和社会问题，利用科学和艺术手段，充分发挥主观能动性，调动想象力和创造力，通过多元化的设计方案，实现艺术和科学的有机结合。

五、现代校园建设的发展

高校教育研究的支持设计和景观环境设计是一个系统工程，由于规划的长期性，因此新建、改建方面不做考虑。在搬迁时，高校需要制定完善的教育设施，建设新校园项目便由此而来，在考虑现有景观的同时，应当从校园总体规划入手，坚持发展性的眼光。现代高校规划设计，采用的是动态规划法，注重需要考虑校园的可持续发展能力。

六、我国高校校园景观规划设计实施路径

人文精神和文化底蕴，能够通过合理的校园景观设计展现出来。在设计中，一般采用浮雕墙形式或结合周边景观设计文化石，在人流量大

的区域通过电子显示屏设置大学座右铭，让广大师生直观感受到学校丰富的文化内涵，并以此作为自己的行动指南。

在大学校园中，人和车辆十分密集。因此，在设计的过程中必须考虑这一点。校园的交通空间要求具有开放性和一个广阔的视野，以免发生交通事故。同时，在道路系统设计中强调简洁、明亮，适当扩大同行道机动车，停车位可以巧妙结合天然绿色植物进行规划。一个良好的道路交通系统，是确保校园完整的前提，通过穿插各种校园景观，能够更好满足交通和安全的需要。

校园环境的绿化设计，重点在于营造景观环境，这就需要加大校园面积整体绿化，采用立体绿化与平面绿化相结合的手段。同时，校园规划景观以自然为基础，实现植物的立体组合，保护生物多样性；配置适合本区域生长的绿化植物，营造一种绿色植物的艺术美，愉悦广大师生、教职工人员的身心健康，提高校园整体环境质量。

在规划设计校园景观小品过程中，强调生动性、多样化，突出文化特色，并考虑建设规模和人际关系。一般来说，建筑小品要求符合学生人体功能需要，在具有现代校园审美感受的同时，还需要有其他多样化功能。在设计中重视学生的参与，鼓励广大师生出谋划策，以培养师生的主人翁意识和归属感，增强师生对校园文化的认同。

高校景观建设应当坚持可持续发展原则，从长远的角度出发，营造"学校在公园，园区在学校"的绿色生态环境，推动校园景观的健康发展，进而带动当地景观的可持续发展。

在校园景观工程设计中，坚持以人为本、可持续原则，营造一个适合教育、居住、通行的人文生态校园环境。同时，坚持理性创新，功能和景观至上的理念。重视细节，科学规划景观校园景观，集中体现大学历史文化内涵。在整体风格设计风格中，体现高校精神特征。采用多样化的建设形式，结合自身优势，打造出功能齐全、具有独特审美的校园景观。

对校园景观轴线进行整体规划，使各具特征的景观节点相互区别，以顺应时代发展潮流。另外，尊重地形地貌和生态环境，在建设中体现绿色环保理念，推动高校景观文化设计持续发展。对于每一所大学来说，都需要拥有一个标志性的建筑，以体现自身的独特性，从而增强学生的归属感和认同感。此外，校园景观生态学应结合学校地形，充分做好校园理念工作。

第五节　乡村景观规划设计

一、乡村景观概念

不同于自然景观和城市景观，乡村景观是最早、分布最广的景观类型，是村庄范围下的"镶嵌体"。乡村景观的形成和发展，主要受人类活动影响，受自然条件制约较少。

从地理学和景观生态学角度看，乡村景观是由农村、农田、果园、林地等组成，充分体现农业特征，在自然景观的基础上，通过人工构造获得的"嵌块体"。乡村景观在形状、规模、结构等方面存在较大差异，但却有着共同的经济、社会、生态和美学价值，与乡村文化景观存在紧密的关系。乡村文化景观，以农业获得为基础，是人工与自然相结合的产物。不同的乡村地区，其文化节景观也是不一样的。

二、乡村景观规划设计原则

乡村景观规划设计，旨在打造一个舒适、健康的乡村环境，在顺应时代潮流的基础上，推动乡村建设的健康发展。乡村规划设计，要求合理布局、规划和利用农村土地，同时涉及景观学、地理学、建筑学等多方面知识，有着强力的知识体系保障。作为一个复杂的生活系统，乡村景观能够为农民的工作、生活提供适宜的居住环境，在具体设计的过程中，应当遵循以下原则。

（一）以和谐共生理论为基础

乡村经济活动，应当建立在景观生态学基础上，在"共生理论"指导下，科学设计乡村规划目标和任务，实现景观的稳定、持续发展。在设计过程中，结合生态、文化和经济多样性，统筹全局，建立统一、协调的乡村景观系统，构建乡村运行机制、地方文化机制和社会结构机制。

（二）"以人文本"的原则

乡村景观规划设计，以广大农民的切身利益为出发点和落脚点，为农民创造舒适、健康的生活环境，推动农村周边环境的和谐发展。在绿化、道路建设方面，做到尊重自然，为农民带来身心上的愉悦。另外，从乡村景观规划设计的长远利益出发，采用科学化的经营理念，考虑经济因素，适当减少水景小品和相关设施的配置。注重一次性投资的同时，考虑后期使用费和维修费，为广大农民打造一个优美的乡村景观，丰富农民精神文化生活。

乡村景观规划设计，必须以不增加农民负担为前提，为农民生产活动服务，并且让广大农民在现代化规划过程中获取实质上的利益，以调动农民参与建设的积极性和主动性。

（三）可持续发展原则

在乡村景观规划设计中，充分利用各种资源，以改善农民生活环境为目标，充分体现区域与人的可持续发展，实现人、环境、社会三者之间的协调。促进农村土地资源、矿产资源和动植物资源的集约化、高效

化和生态化，是乡村景观规划的前提。

考虑到农村居民和城镇居民的生活水平仍存在一定的差异，因此在乡村景观规划设计时，应当以致力于改善农村贫困落后状况为前提，让广大农民的物质生活得到丰富和满足。

三、我国乡村景观规划设计的问题

现阶段，我国在广大农村地区进行了一系列乡村景观规划设计，取得了一定的成果，但仍存在不少问题，比如，设计方法单一，沿用的是城市布局模式，忽视农村结构特征；在设计中不分大小、土地不分南北，方案缺乏特色，没有将乡村田园风光展现出来。

目前的乡村景观规划设计缺乏保护概念，对古建筑和古文化的保护不到位。部分村庄，仅仅是机械模仿城市设计方案，一味扩大中心广场；将景观设计等同于绿化，缺乏科学规划，随意性强，指导农村景观建设问题频发，土地资源浪费严重，农民没有真正受益。

四、乡村景观规划设计方法

乡村景观建设，直接推动了农村地区规划和设计学科的诞生，并掀起了相关研究的热潮。然而，相比于国外先进设计理念，我国乡村景观规划设计仍然存在一定的差距。对此，我国应进一步加强该领域的投入，完善相关法律法规，制定科学设计方案。

从景观意象来源看，乡村景观形象包括原生景观形象、诱导景观形象。从古代来看，乡村景观特征主要借助小说、绘画等形式进行表现。到了现代，在科学技术的推动下，乡村景观形象表现方式更加多元。

第五章　景观规划设计的多元化趋向

随着经济的持续发展，以及科学技术的日新月异，人们越来越注重生活质量和精神上的富足。在这样的大背景下，景观规划设计不再局限于满足城市基本生活需要，逐渐呈现出文化性、生态性、功能性、审美性和艺术性趋向。

第一节　文化趋向

近年来，景观设计在我国得到长足发展，人们对景观设计要求越来越高。因此，将文化融入景观成为景观规划设计的重要趋势之一。

一、文化融入居住区景观规划设计

（一）景观规划设计中体现文化与意境的条件

1. 环境条件

环境条件包括物质、精神两个层面。我国地广物博，不同地区的气候、地理位置的差异性，使得居住区景观地形走向、植物选择，乃至空间营造方法存在明显的差异，精神环境与物质环境并存于居住空间当中。"有机建筑是建造的艺术，美学与构造彼此认同、互相证明。"无论哪个地区，都存在自身独有的特性和气氛，这种气氛被称为"场所精神"。居住场所是人们日常起居生活的重要空间，居民的归属感和认同感显得尤为关键。

在"场所精神"的影响下，不同地区发展的文化脉络、生活方式和节奏各不相同，对当地居民性格和喜好的形成有着重要影响。比如，东北地区历史沿革特点造就东北人性格豪迈。由此可见，在景观规划设计过程中，应当充分考虑当地物质和精神条件，以改善当下城市趋同化和文化缺失的现状，这是表达当地历史内涵和意境的重要手段。

2. 文化条件

文化条件包括传统文化条件和地域文化条件，近些年受到文化自信理念的影响，弘扬传统文化备受重视。民族文化，反映了一个民族在历史长河中积淀的精神，是先辈在推动社会进步过程中留下的宝贵财富。现代居住区景观规划设计不能照搬古人设计样式，应当领悟其中的精髓和意境。

地域文化是以传统文化为前提，是传统文化的多样化表达，其形成受到历史、地理等条件外，还依赖于当地人们的实践活动、文明与文化的积淀和传承。不同地区，在不同发展阶段，呈现的特点也有所差异，导致居住区景观规划设计时采用截然不同的材料和设计方式。因此，居住区景观规划设计应当坚持因地制宜的原则，确保设计的科学、合理化。

（二）居住区景观规划设计中文化与意境的表达

中国人在景观设计时历来重视意境的营造，这从古典园林的设计可见一斑。"巧于因借，精在体宜"体现先辈们的意境营造理念，承载中华厚重文化底蕴。事实上，古典园林的造园手法，对当今居住区景观规划设计的意境表达仍有重要借鉴意义，在实际应用中注意"刚柔并济"，结合当下物质和文化现状进行设计。表达文化内涵和意境贯穿景观规划设计的各个环节。一方面，空间的规划与表达应当在总体规划的指导下进行；另一方面，落实单个三维整体和二维上相呼应、点缀，实现表达目的。

1. 运用空间表达

居住区景观规划设计的空间建造，是文化和意境表达的形成阶段，也呈现完整的景观形式。在这一阶段，应当充分利用现代物质材料和造景技术，结合当地环境条件和传统文化，构建整体的景观蓝图。

在空间环境设计中，可以借助地势叠山理水，围绕气候特点配置当地独特的植被。在最终完成阶段，从整体上审视空间环境，进行最后调整，建立起"总—分—总"框架，打造完整、符合地域性、表达文化和意境的居住区景观规划设计。

2. 运用立体表达

居住区景观规划设计立体表达，指可供独立欣赏的景观或居住区要素，如小区入口。作为居住区景观的"牌面"，小区入口可采用三维整体设计，风格上体现先入为主的认知，但这并非要求将入口设计的豪华铺张，一般采用欲扬先抑表现手法，营造出曲径通幽、豁然开朗的意境。景观小品，能够表现居住区活力，营造生动、活泼的意境。

值得注意的是，居住区景观规划设计立体表达在展现独特魅力的同时，应当与整体保持协调。

3. 运用界面表达

居住区景观规划设计的界面表达强调"精练有力"，注重给居民带来强烈的视觉感受，包括建筑立面、地面、墙面等。比如，对建筑立面进

行点缀；在小区入口设置景观墙，以收缩人们的视线，展现环境特征。

采用界面表达文化和意境不容易受到环境因素的影响，采用现代技术、材料和表现手法能够使得文化和意境显得张弛有度。我国古典园林在设计过程中讲究环境的"诗情画意"，这种设计理念对现代居住区景观规划设计也有一定的参考意义，在利用当地天然优势的同时，为居民设计便捷通道方便穿梭，打造集人文性、现代性、便利性为一体的宜居环境。

以上表达途径并非单独存在的，在具体的规划设计中应当综合运用。如在门窗设计表达方面，门窗样式、花纹采用界面表达，门窗个体设计采用立体表达，门窗使用过程中采用障景、漏景等空间表达方式。由此可见，居住区景观规划设计的文化和意境表达不是孤立的，而是有机整体的一分子，在设计过程中应当在文化指导突出地域特色。

二、文化融入街道景观规划设计

（一）城市街道景观规划设计

1. 时代精神的演变

不同的时代所蕴含的精神内涵存在一定的差异性，而作为体现时代精神的重要载体，街道景观自然会受到时代精神的影响。先辈深受传统文化影响，这从园林设计中注重"壶中天地""虽由人作，宛自天开"就能看出来，街道景观设计也不例外。秦汉时期的驰道文化、唐末的棋盘式街巷格局，都反映当时人们的审美情趣。西方城市街道景观也深受当时政治文化的影响，这表明街道景观设计过程应当体现时代精神，反映时代风貌，围绕现代生活节奏快的特点，考虑时间因素，让人们在穿梭中获得"动"的感知。另外，现代景观规划设计应当随着时代精神的变化进行相应的调整。

2. 现代技术的促进

科学技术为现代街道景观规划设计的可持续发展提供技术保障。新兴科技手段能够使得自然美景的表现更加自然，还能创造出超自然的人工景观；在改善造景方法和素材的同时，推动了美学观念的变革。如凡尔赛宫的水景设计，由于技术上的欠缺，一定程度上限制了景观的表现，供水问题导致景观的所有喷泉无法开放。而现代喷泉水景技术就能有效解决这个问题，能够将水的动态美展现得淋漓尽致。

技术对景观的影响体现在科学技术能够丰富造园因素。比如，现代照明技术的出现带来了街道夜景景观，给人们美的享受。灯光建设逐渐成为一个城市的外在表现和文化城文化程度的集中体现。此外，生态技术的应用为街道景观设计注入了活力。如"海绵城市""生态系统观"等理念的引入，将街道景观规划作为整体生态环境的一分子，注重考虑景观对周边生态环境的影响程度和范围。渐渐地，有关动植物生态相关性问题逐渐被景观设计师们重视。

3. 现代艺术思潮的影响

20 世纪 30 年代,西方发达国家的景观规划设计逐渐开始相互交流和贯通。受到诸如立体派极简主义、包豪斯风格等艺术流派的影响，出现了不少著名艺术家和设计师，推动着当代景观艺术的发展。

不同艺术流派的结合产生了连锁反应，为景观设计师的规划设计提供创作灵感。在这样的大背景下，20 世纪末的景观设计尽管风格独特，但也存在共性和普遍性特点。在空间特性方面，设计师们从现代派艺术和建筑中入手构思三维空间，并将雕刻方法运用到其中。在现代街道景观中，突破传统单轴设计方法，逐渐使用立体般艺术家多轴对角线不对称等空间理念。

　　另外，受到抽象派艺术影响，现代景观逐渐在设计中运用曲线和生物形态主义形式。景观设计师们采用对比方法，将国际建筑风格中的几何结构和直线图形运用到当代街道景观设计当中，总而言之，当代景观规划设计具有多样性特点，如哥本哈根的艺术街区（见图5-1）。

图 5-1　哥本哈根艺术街区

（二）城市街道景观文化价值

1. 展示街道景观特色，弘扬城市文化

　　作为历史的积淀，文化体现在城市当中，集中表现在人们日常生产生活中，对人们行为方式和思维思想观念有着深刻影响。现代城市街道景观具有公共性特点，在满足人们休闲娱乐需要的同时，还承担着弘扬优秀传统文化和展现现代风貌的职责。丰富的城市文化，是城市历史的见证，是一笔宝贵的物质和精神财富，在凝聚市民力量、陶冶市民情操、提高思想道德素养、增强民族自尊心和弘扬爱国主义方面有着重要的现实意义。

　　因此，城市街道景观规划设计必须尊重历史要素并加以利用，以弘扬城市文化为己任。比如，在景墙上刻画脍炙人口的诗词歌赋和具有教育意义的历史典故等。

2. 满足人们的怀旧情结

两次工业革命使得人类社会进入了发展的快车道阶段，科技突飞猛进，物质生活得到极大丰富，城市面貌发生天翻地覆的变化。现代城市高楼大厦随处可见，城市交通交错纵横，然而这种快节奏生活方式容易让人忘记历史。现代人为缅怀过往，把历史和文化遗迹作为精神寄托。城市街道景观，从多个方面反映社会现实，一定程度上展示人们尊重历史态度和怀旧情结。比如，温州市的五马街（见图5-2）除了繁华商业气息外，还有对温州城市历史和传统的追寻。

图 5-2　温州市五马街

3. 为街道景观规划设计提供素材

城市在形成的过程中积淀着丰富的历史文化，这为城市街道景观规划设计提供了充足的素材，给设计师带来不少灵感，如江阴市步行街景观规划设计以学政衙署历史为素材。上海市滨江路（见图5-3）的设计以悠久的船厂历史和特色文化为素材，设计师将船坞、滑道、起重机和铁轨等元素保留下来，赋予景观独创性和标志性。部分设计师从城市发展史获取灵感，以当地植被和街道上的原木为素材，暗示地区以林地、木材为经济基础的历史文化。

图 5-3　上海市滨江路

4. 增加城市文化内涵

作为人类社会发展到一定阶段产物，城市景观属于文化现象，是人类智慧的结晶。现代街道景观具有丰富的文化内涵，城市文化的、独特性、地域性都能增强城市的文化底蕴和历史厚重感。景观可以复制，但景观包含的文化内涵无法移植，这是因为景观产自特定历史环境。景观要具有真正的生命力，必须富有深厚的文化内涵，满足人们的精神需求。

第二节　生态化趋向

景观规划设计的纵向发展，一定程度唤醒了人们的景观生态化意识，生态主义思想逐渐萌芽。此后，人们不再一味强调景观的形式，陆续追求绿地与"高科技"相结合的生态环境，景观生态化设计应运而生。

景观生态化设计涉及哲学、地理学、植物学、规划与生态学等多个学科，是一门多学科相互融合的科学。

一、生态化设计

生态化设计，指在设计中融入环境因素，并将其贯穿设计的全过程，以尽可能减少对环境的影响，强调可持续发展。

（一）生态化设计概念

生态设计，指在生态学理论指导下，建立起人类、动植物之间的新秩序，在对环境造成最小损害的前提下实现景观设计的科学、美学、文化、生态的和谐统一，创造一个优美、文明的景观氛围，打造可持续性、生物多样性的园林绿地系统。

（二）生态化设计原则

1. 尊重当地传统文化

当地人们生存和发展依赖于当地物质资源和精神文化，在生态化设计中，应当充分考虑当地居民的实际需要和历史文化传统。

2. 顺应当地自然条件

结合基地特点，根据当地气候、水文、地势、动植物等生态要素进行科学设计，打造一个高效运行的生态环境系统。

3. 坚持因地制宜的原则

生态化设计应当充分利用原有的景观植被和建材，在生态板块自然

分布的基础上进行合理利用和改造，营造一种生态之美。

（三）景观生态规划设计

景观生态规划设计，强调尊重当地生态环境，保持当地水循环和生物正常营养供给，保护动植物生存的生态质量，在此基础上设计出对人体健康有益的空间环境。

多伦多堂河下游的滨水公园设计项目，通过在安大略湖建一座城市公共滨水公园，以充当城市与水源的媒介。项目竣工后，当地市民有了新的娱乐休闲场所，生活环境得到较大改善，同时鸟类和各种水生植物有了新的湿地和栖息场地，还能够为钓鱼爱好者提供良好的水源环境。滨水公园与多伦多堂河新支流南岸地带相连，同时配置一条现代气息的木质漫步道。在漫步道尽头是一处码头观察台，作为公园的中心活动区域，为举办各种庆典活动提供一个理想场所，让市民从一个全新的角度欣赏多伦多这座城市。同时，公园河谷地带，为堂河提供溢洪道的同时，也是娱乐、休闲等活动的重要场所。

（四）城市生态景观规划设计

作为一种聚落形式，城市是人们生存、生活的场地和环境。城市生态系统，是人类行为活动的产物，是整个生态系统的重要组成部分。自然生态景观以自然界为蓝本，必须尊重自然规律。城市生态景观是自然与人工结合的产物，因此，城市生态的可持续发展必须将人工与自然规划设计相结合。

近年来，人们的环保意识日益增强，"城市花园""生态城市"等发展模式的逐渐形成，推动了景观生态规划等新兴科学的诞生和发展。

二、生态化农牧居住区景观规划设计

（一）居住区生态化景观规划设计蕴含的生态学理念

1. 居住区景观和周围自然环境协调统一

社会经济的发展充实了人们的物质生活，人们对居住环境有了更高的要求，过上低碳生活成为大多数人的首选。在选购住房时，居民除了考虑户型和建筑质量外，还重视居住周边环境。因此，景观规划设计应坚持自然至上的原则，根据周围自然环境结合周边在环境进行科学设计，保持居住区景观与自然环境的协调统一，营造绿色环保的居住氛围。

2. 保持区域内生态系统完整

作为生态系统一部分，城市居住环境是城市生态系统的重要构成。然而，在实际建设居住区过程中，常常会对周边生态造成一定破坏，一旦生物结构平衡性被打破，就会影响生态系统自我修复功能，甚至对生态系统带来毁灭性打击，导致整个区域生态系统紊乱。所以，居住区景观规划设计师在进行设计活动之前，应当仔细勘察周边生态系统，充分考虑各种生态因素，确保区域内生态系统稳定、完整。

3. 景观规划设计具有丰富性

现阶段，我国居住区景观规划设计常见的问题，在于设计的单一性和单调性，这让人们时常感到无趣，进而影响景观功能的发挥和实际意义的实现。因此，在居住区景观规划设计过程中，必须仔细调查。

事实上，影响居住区景观设计规划丰富性的原因主要有两个方面：一方面，大多数居住区缺乏足够的空间进行规划设计，直接导致景观的

结构得不到很好地展现，发挥不出其最大效果；另一方面，部分施工单位为获得更高的经济效益，在规划设计中不够严谨，甚至将用于建设景观的面积用来建造建筑物，影响景观结构丰富性。

想要解决上述问题，必须采用生态化居住景观规划设计。在设计过程中，树立科学生态化思想和原则，注重景观与生态艺术的结合，确保规划设计的丰富多元。比如，选择当地适宜的种植的植物，将各种植物进行搭配，从而营造丰富多彩的植物景观环境，给人身心上的愉悦。

（二）生态化融入居住区景观规划设计原则

1. 因地制宜原则

在居住区生态化景观规划设计中，坚持因地制宜生态理念，即重视场地要素，将区域内所有生命形式融入当地环境，将它们视为整体进行设计。如设计时充分尊重气候变化规律，根据当地气候特点和尊重自然规律的基础上，因地制宜进行设计。

2. 与自然生态保持一致性

与自然保持一致，要求景观规划设计人员在可持续发展理念下设计，以提高景观的舒适性、生态性和可观赏性。同时，在设计时注重与人们日常生活联系，做到尊重自然，确保改造的有序、科学。另外，充分了解当地的环境特征，尽可能不对原生态造成破坏，在满足其他物种生态需求的前提下，设计出高质量的居住区景观。

3. 以人为本原则

设计的产生、发展和调整都离不开人这一主体，景观的主要观赏者也是人。因此，在设计中必须重点考虑人的感受，体现对人的关怀。具体来说，景观规划设计师需要了解不同人群的心理特征和精神需求，在此基础上设计适合的适宜居住的景观。同时，景观应当随着人们生活和观念变化进行适当调整，以确保人们需求得到满足。

4. 开放共享原则

中华文明是世界文明的重要组成部分和宝贵财富，对我国现代景观规划设计有着巨大影响。当下很多规划设计都融入了传统元素，体现出区域文化特征。

因此，景观设计师在设计过程中，应当坚持资源共享原则，遵守文化共享和生态共享准则，在科学规划的基础上创造和谐统一的生态环境，满足人们对环境的需要和精神需求。

（三）生态化融入景居住区景观规划设计方式

1. 对景观元素进行合理规划

居住区景观规划设计要求合理布局景观，以充分展现居住环境，在对景观结构进行梳理的同时，对景观区域的河流、花草、树木、道路进行合理规划，确保整体效果。

从景观生态学角度看，景观结构包括机制、廊道、板块等部分，这要求在生态化居住区景观规划设计要求下，从整体上把握。比如，利用廊道进行串联设计斑块，提高居住区设计的居住区规划设计的整体性，从而发挥为民众带来良好的居住效果。

2. 合理利用生态元素

在景观规划设计中，应当完整保留和充分利用有价值的生态元素，实现人工景观和自然环境的和谐统一。

合理利用生态元素，主要体现在三个方面：第一，保留现存植被。

在实际的居住区设计时，大多数施工单位会先清除区内的植被，再进行建筑物建设，等完成建设后再进行绿化工作，这样一来，原生植被被破坏。另外，植物的恢复需要耗费大量人力物力财力，因此保留现存植被意义重大。第二，利用环境水文特征。在设计中，保护场地、湿地和水体。同时储存雨水，以备后期绿化使用。第三，保护场地中的土壤。表层土壤适宜生命生存，其中含有植物生长和微生物生存必要的各种养料。保护土壤资源，能够促进景观的生存和生长。

3. 进行雨水的回收再利用

雨水对城市发展影响较大。城市路面不透水，雨水就会经下水道流入附近的湖泊河流，这种除雨水处理方式导致雨水无法有效补充不断被消耗的地方水，导致水资源的浪费。另外，在雨水流入下水道过程中，携带城市生活垃圾，这样的雨水排放到自然水体，会造成自然水体的污染。当降雨量过大时，不透水路面会导致局部积水，严重时引发洪涝灾害。

对此，在规划设计中应当注重雨水的回收再利用，通过收集没有渗透的区域内径流，并做好储存、处理和再利用工作。借助自然水体和人工湖泊等方式储存雨水，利用雨水处理系统进行净化，用于景观居住区的浇灌，冲洗厕所或消防用水。这在一来，城市水环境和生态环境得以改善，水资源利用效率也能提高，有利于缓解部分地区水资源紧缺问题。有关雨水无法渗入地下问题，在道路上采用渗透性材料进行铺设，对地下水进行补充。

4. 运用生态材料和生态设计技术

随着人们要求高质量居住环境，配备个性的独立景观是必要的。在居住区空间设计时，采用生态材料和生态设计技术，能够满足人们对景观环境要求，同时为人们提供良好的休闲娱乐场所。在居住区景观规划设计中，设计人员需要充分了解设计流程，避免一味追求设计的现代化和经济化，应当考虑设计的本质，把握规划设计与生态环境之间的关系，从而更好地将生态化融入居住区景观规划设计当中。

现代居住区景观规划设计，并非一味追求个性和独创性，而需要充分利用周边自然景观文化，考虑经济性原则，进行科学维护。同时，突出地域特色和自然特色，结合人情文化和当地风俗提高设计效果。另外，在建筑材料选择方面，尽可能选择节能环保材料，并采用生态设计技术，以实现居住区景观化设计的可持续发展。

第三节　功能的多元化趋向

一、居住区景观规划设计功能

我国人口众多，人口资源分布不均，在很长一段时间，我国居住区建设重点在于提高土地利用率方面。新中国成立后，最早的居住区设计采用苏联居住小区模式，整体景观形式表现为种几棵树、铺几块草地，在住宅群中央设置小块中心绿地。在 20 世纪末，我国福利分房制度停止，住宅区开发建设实行全面市场化，在经济利益的推动下，开发商加大对居住区景观规划设计的投入和开发力度，推动我国现代居住区景观的形成。新世纪后，居住区景观环境设计在倡导"量"的同时，更加注重"质"的提升。

随着社会经济的快速发展，现代景观规划设计得到长足发展，人们的居住问题得到基本解决，逐渐对居住区功能有了更高的要求，具体表现在视觉景观形象、环境生态绿化、大众行为与心理等方面。

（一）满足视觉景观形象的要求——审美功能

从美学角度来看，视觉景观形象从人的视觉感受出发，结合人们的审美需求，通过布置空间实体金乌，创造出使人赏心悦目的环境氛围。现代居住区景区规划设计，十分重视视觉景观形象的塑造。

现代居住区的视觉景观形象往往是具体的、肉眼可见的实体，呈现方式多种多样，包括构筑物、道路装饰、植物、雕塑、水体等。在居住区景观规划设计中，应当充分利用各种视觉形象元素，努力营造一个优美、宁静的居住环境，给人带来身心上的愉悦。比如，小区水景与植物的结合就能带给居民良好的视觉形象（见图 5-4）。

图 5-4 小区水景与植物相结合的视觉形象

（二）满足环境生态绿化的要求——生态功能

环境生态绿化，是现代环境意识运动在发展中运用到景观规划设计的内容，强调人们的生理性感受，在遵循自然界生物学原理的前提下，充分利用光照、动植物、土壤、水文等自然和人工材料，力争创造一个适宜的物理环境，是居住区景观生态功能的重要体现。

相比于封闭的室内空间，开敞的室外空间场所更被人们青睐，这是因为人类对大自然有一种天然的亲近性，而居住区景观作为居民日常重要活动场所，扮演重要角色，其生态功能不仅体现在自然和人工生态环境当中，也表现在景观生态的可持续发展方面。

在现代景观规划设计中，自然生态系统地位十分重要，这是打造环境优美的居住区景观的前提。景观生态化功能的呈现方式多种多样，绿化种植是一种常见的手段，包括绿地的填充、植物的设计和在视觉景观形象下打造的多样化绿地环境。

另外，现代化景观生态建设也在不断尝试能源和可持续发展设计方式。如因地制宜选择当地材料，从而节省人力和物力资源。日本枯山水庭院以当地水资源匮乏和白沙资源充足为背景设计的，如图 5-5 所示，此后这种设计模式被广泛运用于现代景观规划，通过常绿树苔藓、沙、砾石等常见素材，打造"一花一世界"的优美景观。

图 5-5　日本枯山水庭院

在技术方面，在景观设计中采用现代高科技手段和材料也能实现一定的生态效益，常见的有太阳能照明技术、雨水收集技术，这些现代化技术都能够有效增强景观设计的生态功能。

随着现代景观规划设计的不断发展，有关生态景观学的研究受到广泛关注，相关的理论著述层出不穷，这为利用科技和系统化手段建设现代景观奠定了理论依据。然而，在具体实践活动中，关注生态问题与落

实生态问题存在较大的脱节，设计人员尽管有一定的生态意识，但在物质形态的表现中却未能体现出来，直接影响景观生态功能的实现，设计出的景观往往无法满足人们对生态环境的需求。由此可见，景观设计人员应当探求更多的手段和渠道，将生态意识落实到设计实践当中。

（三）满足大众行为心理的需求——物质活动与精神活动功能

随着人口的增长，现代各种文化的碰撞、交流融合，加上社会科学的长足发展，大众行为心理成为景观规划设计的重要考虑因素，强调从人类心理层面和精神需求出发，在遵循行为心理发展规律的基础上，通过心理、文化的引导，设计出让人身心愉悦的居住环境。大众心理虽然属于抽象范畴，但能够借助具体的景观为居民带来丰富的体验。

居住区景观物质活动功能的设置，取决于居民物质文化生活和行为。比如，居民需要扔垃圾，小区应当在内部设置若干个垃圾桶；居民要在夜间行走，居住区内部应当设置相应的照明设施；居民需要购买生活用品，小区应当设置小卖部；居民需要停靠私家车，小区应当设置停车位。

现代景观规划设计不仅具备物质活动功能，还具有精神活动功能。传统园林景观强调的"意境"便是最佳的例证，这里是托物言志、借景抒情的精神场所，是人们宣泄情感的家园。

总而言之，现代居住区景观规划设计，不仅要满足居民基本物质活动需求，还应当注重人在环境中的心理感受和精神体验。

二、园林植物景观规划设计功能

（一）保护和改善自然环境

园林植物的保护和改善环境的作用，体现在空气净化、杀菌、通风、防风固沙等方面。

1. 固碳释氧

绿色植物好比一个天然的"氧气加工厂"，通过光合作用吸收二氧化碳，释放氧气，平衡大气中的二氧化碳和氧气的比例。

一般来说，每公顷绿地每天能吸收 900 kg 二氧化碳，生产 600 kg 氧气；每公顷阔叶林在生长季节每天可吸收 1 000 kg 二氧化碳，生产 750 kg 氧气，供 100 人呼吸；生长良好的草坪，每公顷每小时可吸收 15 kg 二氧化碳，而每人每小时呼出约 38 g 二氧化碳，说明 25 m^2 的草坪或 10 m^2 的树林在白天基本可以吸收一个人呼出的二氧化碳。因此，城市要想平衡大气中的二氧化碳和氧气的比例，每人至少应有 25 m^2 草坪或 10 m^2 的树林，空气才会持续保持清新状态。考虑到城市工业生产对会产生大量二氧化碳，上述指标应当继续提高。此外，不同类型植物和不同的配置模式，固碳释氧的能力也存在差异。

2. 吸收有害气体

像二氧化硫、氮氧化物、氯气、氟化氢、氨气、汞、铅等元素，都会污染空气和危害人体健康。大多数植物具有吸收和净化有害气体的功能，但吸收有害气体的能力各有差别。

值得注意的是，植物的"吸毒能力"和"抗毒能力"不一定统一，如美青杨吸收二氧化硫的量可达 369.54 mg/m^2，但是叶片在吸收二氧化硫后会出现大块烧伤，这说明美青杨的吸毒能力强，但抗毒能力弱。桑树吸收二氧化硫量为 104.77 mg/m^2，但吸收这种有害气体后对叶面几乎没有损伤，这说明桑树的吸毒能力弱，但抗毒性较强。

3. 吸收放射性物质

树木本身不但能阻隔放射性物质和辐射的传播，还具有过滤和吸收的作用。一般而言，栎树林可吸收 100 拉德的中子—伽马混合辐射，在吸收后还能正常生长。因此，在有放射性污染的地段设置特殊的防护林带，一定程度上可以减少放射性污染造成的危害。

通常情况，在吸收放射性污染的能力方面，常绿阔叶树种强于针叶树种强。如仙人掌、宝石花、景天等多肉植物，以及栎树、鸭跖草等都具有较强的吸收放射性物质能力。

4. 滞尘

在地球大气成分中，细颗粒物虽然所占据的比例较低，但它对空气质量、能见度等却有重要的影响。当大气中颗粒物直径小于或等于 2.5 μm 时，被称为"可入肺颗粒物"，主要包括有机碳、元素碳、硝酸盐、硫酸盐、铵盐、钠盐等化学成分。

相比于较粗的大气颗粒物，细颗粒物粒径小，富含大量的有毒、有害物质，在大气中的停留时间长、输送距离远，对人体健康和大气环境质量有较大的影响。事实上，每年有几十万人死于因臭氧导致的呼吸系统疾病，在过早死亡病例中，百万人生命体征的消失与颗粒物污染有关。有权威机构指出，空气污染缩短了人类的平均寿命。由此可见，细微颗粒物的危害之大。

能吸收大气中"可入肺颗粒物"，阻滞尘埃和吸收有害气体，减轻空气污染的植物一般具有以下特征。

（1）植物的叶片粗糙，或有褶皱，或有毛，或附着蜡质，或分泌黏液，可吸滞粉尘。

（2）能吸收和转化有毒物质，吸附空气中的硫、铅等金属和非金属。

（3）植物叶片的蒸腾作用增大了空气的湿度，使尘土不容易漂浮。

以下是我国各地区几种滞尘能力强的园林树种。

北方地区：刺槐、国槐、刺楸、核桃、毛白杨、板栗、侧柏、华山松、木槿、大叶黄杨等。

中部地区：白榆、梧桐、悬铃木、重阳木、广玉兰、三角枫、桑树、夹竹桃等。

南方地区：桑树、鸡蛋花、羽叶垂花树、黄葛榕、高山榕、桂花、月季、夹竹桃、珊瑚兰等。

5. 杀菌

绿叶植物大多能分泌出一种杀灭细菌、病毒、真菌的挥发性物质，像侧柏、铅笔松、黄栌、尖叶冬青、胡桃、月桂、合欢、树锦鸡儿、紫薇、蓝桉、柠檬桉、洋丁香、石榴、枣、枇杷、石楠、垂柳、栾树、臭椿以及蔷薇属植物等都会分泌这种挥发性物质。

另外，像晚香玉、野菊花、柠檬、紫薇、茉莉、丁香、薄荷等芳香植物在杀菌方面也有良好的效果。

（二）改善空间环境

1. 利用植物创造空间

与建筑材料构成室内空间一样，户外植物在室外空间充当地面、天花板、围墙、门窗等角色，其空间功能主要表现在空间围合、分隔和界定等方面，详见表5-1。

表5-1　植物景观空间功能

植物类型	空间元素	空间类型	示例
乔木	树冠茂密　屋顶	利用茂密的树冠构成顶面覆盖，树冠茂密程度体现顶面的封闭感	高大乔木构成封闭的顶面，构造舒适凉爽休闲空间
	分枝点高　栏杆	利用树干形成立面上的围合，此空间是通透或半通透，树木栽植密集程度表现围合感	分枝点较高的乔木在立面上暗示空间的边界，但不能完全阻隔视线。在道路两侧栽培银杏等乔木，在界定空间的同时又能保证视线通透
	分枝点低　墙体	利用植物冠丛形成立面上的围合，围合程度与植物种类、栽植密度有关	常绿植物通过遮挡视线形成围合空间

植物类型		空间元素	空间类型	示例
灌木	高度不超过人的视线	矮墙	利用低矮灌木形成空间边界，但由于视线通透，相邻两个空间仍然相互连通，达不到封闭效果	用低矮灌木界定空间，但无法形成封闭空间
	高度超过人的视线	墙体	利用高大灌木或者修剪的高篱形成封闭空间	用高大灌木阻挡视线，形成空间的围合
草坪、坡地		地面	利用质地的变化暗示空间范围	尽管在立面上没有具体界定，但是草坪与地坡之间的交界线暗示了空间的界线，预示空间转变

2. 利用植物组织空间

在具体的景观规划设计中，不仅能够通过植物配置来进行空间创造，还能借助植物进行空间的转成和过渡，好比建筑中的门、窗等，为人们创造不同的"房间"，引导人们的流动。

第四节　审美的多元化趋向

社会经济的发展，人们的生活方式和观念有了巨大的改变，但思维上的冲突也随之而来。现代景观规划设计审美在传统农耕文化、工业文明、科技文明等因素的影响下，其设计形式逐渐呈现多元化和复杂性特征。

我国景观规划设计景观取得了长足的发展，但也存在如下问题：在传统农耕文化的影响下，人们对景观空间的审美趋向纯真、朴实，对空间的意境表达受到人们的审美情趣和精神诉求的影响，形成了一种内敛、空灵的审美。然而，工业化、科技和现代文明的快速发展和繁华的社会活动，传统审美方式逐渐被抛之脑后，城市景观趋于单一性。在这样的社会背景下，多元化景观规划设计审美成为现代景观设计师的理想诉求。

一、景观规划设计的美学特点分析

（一）景观规划设计价值体现和美学特点

1. 景观规划设计的价值体现

景观规划设计的价值，表现在多个领域和不同人群当中，比如，地质学家将景观规划设计视为一项科学活动，作为改造和美化自然的现代化工具。在艺术家看来，景观设计的内涵价值高于实际用途。生态学家将景观设计看作一个人为的环境系统，设计的过程是人与自然融合的过程，能够提高景观居住区的舒适度。在大众眼里，景观设计旨在创造一个更舒适的生活环境。总而言之，建设的城市公园、典雅小区都是景观设计价值的重要呈现方式。

景观规划设计的服务对象是大部分人群。因此，景观设计的功能被认为在视觉上具有画面感，且在某一时点得以观察全景，使用功能齐全。"一千个读者心中有一千个哈姆雷特"，景观在人们心中的呈现意境也存在差异。景观设计的价值在表现公众服务性的同时，也需要兼顾审美性。

2. 景观规划设计的美学特征

不同的景观规划设计师而言，他们对美学有着不同的理解，往往采用不同的设计方式进行表达，即便是同一场景也是如此。景观是对自然界的憧憬，也是对聚集场所的改造，在表现美的同时，传递人们的价值观和传统文化。在现代景观规划设计中，大多数城市空间环境的艺术表现形式是独一无二的，相当于城市的"标签"和"名片"，能够呈现完整

的景观系统，震撼人们的心灵，留下深刻印象。

中国经过五千多年的积淀，有着厚重的历史传承和文化底蕴，像松柏、牡丹、莲花等意象都能代表中华文化。然而，使用传统符号表达精神内涵相对抽象，导致景观缺乏活泼性。在这样的背景下，"新中式"景观规划设计风格应运而生，这种设计理念体现了传统文明与现代文明的融合，以传统文化元素为基础，注入时代因子，具有与时俱进的特点。

（二）景观中的美学思辨

1. 景观中的自然美学

在现代景观中，自然美更符合国人思维观念，这从古语"天人合一""万物归一"古代辩证思想就能看出来，这种意象表达成为人们对景观的联想和延伸，帮助人们构筑意象中的美好世界。

国外学者将自然美分为原生山水、耕种田园、园林景观，其中原生山水被视为造物主的杰作；田园则是人们的辛勤劳动的产物，是人们对美好生活的追求，能够满足人们的精神需求。

2. 景观中的艺术美学

艺术美学，是设计师将思想转化为实践，是社会活动创造的人工场景，这个场景是人们生活、想象和对未来的向往，是特定的，这就说明其具有特定的形象。艺术美学活泼生动，一定程度上折射出现实，但无法找到同样的"剧本"，这是因为艺术美学强调个性和意义的深刻性，具有主观性。对于不同的人群来说，即便身处同一时空下，所富有的情感变化也千差万别。

中国古典园林，是艺术美与自然美完美结合的杰作，它将众多自然美景一致到人工园林中，采用不对称式布局方式，看似杂乱无章，实则是从自然美学角度创造美的氛围。

（三）美学与景观规划设计的融合性应用

在我国现有景观规划设计中，存在不少经典与美学小完美结合的事例，设计呈现多元化趋势，逐渐成为人们社会生活的重要组成部分，推动着景观美学的可持续发展。

1. 美学是景观规划设计的基础性指导

在规划设计的前期，景观首先要充分考虑工程项目中人与自然的和谐关系，从环境层面出发，设计师需要尊重自然规律，致力于建立和谐统一的关系，在强调自然主体性的同时，发挥人的自然性。比如，城市景观公园的地理条件、水文气候属于自然主题，要求设计师顺势而为，尽可能保留更多的景观。景观必须服务于广大民众，在设计时需要将自然美与艺术性充分结合起来，以达到艺术美烘托自然美，自然美反哺艺术美的境界，让人们在游览的过程中充分感受自然氛围。

在美学观念的指导下开展景观规划设计，有利于节约资源，降低建设成本，同时能增强设计的优越性，推动景观设计的可持续发展。

2. 有效提升景观规划设计的美学合理性

在具体的景观规划设计中，需要采用具体问题具体分析的原则，根据不同工程项目的实际特征，进行针对性设计，具体措施如下。

其一，遵循环境与自然的和谐统一。环境与自然是相辅相成、和谐共生的关系，自然环境是在亿万年的演变和各种客观因素下积淀而成的，并且自然环境的发展有内在的客观规律。因此，在景观设计时，应当尽可能保留原生态自然景观，避免影响生态平衡，导致生态环境的恶化。

其二，考虑人类环境。人类发展史是历史的见证者，也是一笔宝贵的精神财富。在具体的规划设计中，应当注意保护人文景观的完整性，必要的时候还能在设计中增添有关人文历史方面的主题，达到教育大众

的目的。

其三，明确主要对象。现代景观规划设计，旨在为人们提供良好的休闲娱乐场所，以民众为服务对象。这就需要在设计中融入美学理念，坚持以人为本。比如，在确保舒适的前提下，实现"移步换景"的目标，让人们在游览时能够观赏到不同的美景，以免审美疲劳，丰富人们的精神生活。

其四，美学在景观中的整体性。一个大规模景观，往往需要被分割成若干个小单位，各个单元互相独立，又彼此联系，共同组成一个整体、协调的景观。因此，美学的统一性也是景观设计中的考虑重点，在各单元之间建立起充分的关联性。

最后，美学的长效性。景观的服务对象虽然是人，但也为自然所用。从城市发展现状来看，未来城市发展模式势必更加强调生态平衡和绿色环保，这有利于空间的外延，同时符合社会发展的一般规律，推动现代景观规划设计的可持续发展。

3. 利用美学完善景观规划设计细节

事实上，细节往往是景观规划设计成功与否的关键，体现出设计师的思维方式和专业素养。一名优秀的景观规划设计师，不仅能对整体进行把控，还能完美控制细节部分。

大多数景观工程都在公共空间下进行，这是因为公共空间能够将艺术价值放大，从而衬托出景观设计的主要理念，以吸引群众，展现设计师所要表达的主题。在单元划分方面，通过设计相应的餐饮或活动区域，将其作为休闲娱乐、恢复能量和放松的场所。

在实际设计中，还可以增添一些"曲径通幽"的交通路线。快节奏生活方式给现代人带来较大的工作和生活压力，这种曲折蜿蜒的路能够安抚人们躁动的心，享受片刻的安宁。在道路上需要采用防滑设计，以减少不必要的损伤。在整体美学方面，强化景观的精神细节。比如，在中国园林增加民间元素，采用点线面结合的设计方式，给游客带来美的享受。

二、传统与外媒美学观念影响下的现代景观

当今时代是一个多种文化激荡、生活方式多样化的环境，在这样的大背景下，人们的审美观念不可避免地产生碰撞，传统的单一化景观设计理念逐渐被摒弃，取之而来的是多元化景观设计。当下景观设计不再局限于追求视觉享受，更多的是认同感和精神需求的满足，多元化倾向明显。

（一）外来美学观念的影响

我国现代景观仍然受西方设计理念的影响。随着"走出去"步伐的加快，中国逐渐与西方各国文化开始深入交流，西方价值理念逐渐在国内兴起。我国景观界学术思想活跃，对西方设计理念表现出浓厚的兴趣，在这样的深度交融下，我国景观规划设计呈现新的发展特征。

中山市岐江公园（见图 5-6）就一定程度地融入西方后工业景观的美学思想和设计手法，借鉴了美国西雅图煤气厂公园和英国伊斯堡风景公

图 5-6　中山市岐江公园

园的风格。上海的徐家汇公园，采用大量隐喻、象征手法表达对场地文化的理解，诠释着历史文脉主义美学观念，成为展示历史演化过程的"信息库"。

（二）传统园林文化与现代景观的矛盾

随着人们生活方式的转变，加上精神需求的多元化发展，直接推动了景观美学价值的变化。传统园林审美理念和意境无法与现代城市较好地融合在一起，不少景观设计师尚未认识到传统园林的重要价值。在城市化进程不断推动下，景观规划设计沾染浮躁之风，在学界不时听到对传统园林的否定。诚然，时代在发展，但这并不意味着我们要抛弃传统。

事实上，有不少案例成功地将传统景观融入现代化设计中，实现了二者的完美结合。如温州市的谢灵运公园（见图5-7），就是对传统历史文化的传承和延续。其在遵循传统景观结构格局基础上，通过三大主山和周边水系来诠释着传统园林精神和价值，池中的岛山、景观构筑形式"台"和部分视觉引导手法都源于古典园林。

图 5-7　谢灵运主题公园

三、审美融入景观规划设计

景观规划设计的审美化，有利于增加观赏性、文化性和生态性。比如，植物美学的审美规划设计，体现在植物美化环境、构成主景、障景等方面。

（一）主景

植物，尤其是形状奇特、色彩鲜艳的植物，自身就是一道风景线，能够吸引人们驻足，如城市街道的羊蹄甲。事实上，对于任何一种植物而言，都具有成为"街道明星"的潜质，这就需要景观设计师具有一双发现美的眼睛和高超的设计手法。比如，草坪上的紫薇、绿丛中的红枫、阴暗角落的玉簪等。

在设计主景过程中，可以通过叶色、花色等表现方式，给游客眼前一亮的感觉，并留下深刻的印象。

（二）障景、引景

古典园林强调"山穷水尽、柳暗花明"，设置障景，在阻挡游客视线的同时，激发他们的好奇心，引导他们继续前行。引景，是探究屏障后的金乌，通过障景得以展现，二者相辅相成。比如，在道路拐角处栽植花灌木，通过阻挡游客的视线来增加神秘感，达到丰富景观层次的目的；同时，此时的花灌木成为视觉焦点，对游客有较大的吸引力。

在设计引景时，多选择一些枝叶茂密、阻隔效果较好的植物，如云杉、桧柏。部分景观匿于深处，这时的栽植枝叶相对稀疏、观赏价值高的银杏、栾树等植物，就能给游客一种"犹抱琵琶半遮面"的感觉。

第五节　艺术与风格的多元化趋向

中华文化源远流长，博大精深，景观文化是中华文化的重要组成部分。随着经济的快速发展，人们的物质生活得到了极大的丰富，人们逐渐有了更高层次的精神文化需求，一定程度上推动了景观规划设计多元化发展。

一、形式的多元化

现阶段，在多元化思潮和艺术形式的冲击下，景观规划设计出现了诸如折衷主义、生态主义、极简主义等风格，呈现出多元化与自由性并存的发展趋势，五花八门的景观形式冲击着人们的眼球，通过营造随机性、偶然性的景观效果提升游客的认同感。

（一）折衷主义景观

折衷主义，缺乏独立的见解和固定立场，没有全面辩证地分析事物的相互关系，不分主次，将矛盾双方并列起来，具有机械性、形而上学性特点。这种观点试图将唯物主义和唯心主义混合在一起，建立超越二者的哲学体系，在宗教、建筑、心理领域得到广泛运用。

十九世纪上旬，折衷主义风格在建筑领域兴起，并于二十世纪初达到高潮，旨在弥补建筑学中古典主义和浪漫主义的缺陷，将历史上的各种样式任意组合。折衷主义不排斥任何建筑风格，在它身上有古典主义、文艺复兴乃至新艺术运动的风格。折衷主义在景观上表现为变化的"集仿主义"，在考虑基地现状的前提下将多个风格景观要素糅合、提炼，而非中式和西式的简单混合。

（二）结构主义景观

首先，结构主义景观的兴起建立在语言符号学理论基础之上。通常而言，符号包括声音和思维，在体现一个人的文化层次、加深其对社会的认知等方面具有重要意义。

其次，在含义和特征方面，结构主义借助符号表现物象自身和文化内涵，通过将设计物体作为材质，将传统内涵赋予其中，根据其中的相互关系实现完美的结合。

最后，在具体的设计过程中，结构主义景观借助符号能够赋予文化更丰富的内涵。值得注意的是，在结构设计中，不同的元素代表的意义有所差异，但蕴含的意义都十分丰富。结构主义设计注重元素的组合，通过创造新的意境实现文化信息的传达。

1. 元素的搭配

园林的整体布局，能够很好地体现园林景观规划设计方法，包括对水面的处理和山石的设置。在园林景观中，水是整体布局的重中之重，是园林显得富有生机和活力的保证。中型园林景观布局往往体现多元化主体，在处理水时相对广泛。而小型园林则是以"聚"为主，以展现出水面的宽泛化，激发人们的观赏兴趣。

从布局手法来看，园林景观设计强调元素之间的组合配置具有一定的复杂性和多变性，这正是结构主义设计理念的实际运用，只有这样，独具特色的景观才能更好地表现出来。

2. 意境创设

园林景观独有的形式和建筑，往往给游客带来一种神秘感，如内廊、流水等极具意象的事物。此外，山石、湖泊也有意犹未尽之感，为人们带来全新的体验和感受，体现结构主义设计理念的运用。

3. 文学渗透

结构主义设计理念强调不同文化和历史因素的引入。当下的园林设计，或多或少都展现我国古典文化内涵。诗词、歌赋、书法、绘画等，在一定程度上丰富了园林设计的素材，激发设计者的创作灵感，给游客带来全新的意境体会。

（三）历史主义景观

1. 历史主义景观的概念

（1）历史主义建筑与历史已有的样式存在密切的联系，相关设计建立在历史建筑的样式和细部基础上的。

（2）历史主义建筑对设计者有较高的要求，需要具备丰富的理论和历史知识，同时具有自己的创作风格，能够将历史内涵融入景观设计中。

（3）历史主义建筑强调风格的创造，历史主义建筑并非对已有建筑的简单模仿，而是在历史上建筑样式和细部的基础上，结合自身的创作因子，构筑全新的具有历史美感的风格样式。

（4）历史主义建筑重视创造时代精神。它通过历史建筑话语表达设计者的时代精神内涵，具有时代性、民族性特征。

（5）历史主义建筑强调"细部的真实性"，需要设计者具有严谨的学术态度，这与肤浅的"欧陆风""仿古"建筑存在本质上的区别。

（6）历史主义建筑设计，以具有可识别性的建筑为原型，采用一系列现代化技术手段对原型进行标准化。

（7）历史主义建筑强调地域性，往往通过建筑语言表达传统文化。

（8）历史主义建筑侧重运用符号和象征手法，以彰显自身的民族性、文化性、时代性和地域性特征。

综上所述，相比于古典主义，历史主义不限于以西方古典建筑为原型；相比于传统主义，历史主义不依赖学院派传统，不拘泥于某种特定的建筑样式和风格，其仅仅是借助正确样式和风格表达设计者所传达的理念。

有鉴于此，部分建筑潮流与现代建筑中历史主义倾向产生联系。二十世纪八十年代，后现代主义建筑风格不局限于古典建筑风格的再现，不拘泥于传统建筑样式和风格，而是借助传统建筑符号语言，表达自己独有的意境，属于历史主义范畴。从时代精神创造的角度看，历史主义建筑不同于刻板的"国际式"现代主义风格，设计师们正在以一种全新的方式表明自己的意境。

我国二十世纪五十年代的民族形式建筑也属于历史主义范畴，当时的中国景观规划师将中国古代建筑营造的严谨的法式和哲理作为设计基础，创造出一种集新颖性、独创性、现代性、民族性于一体，体现一个新时代的新设计风格。优秀的建筑师们运用自己深厚的设计功底，严谨踏实的科学态度，实现了中国传统建筑样式、细部与西方现代建筑的完美结合，创造出具有中国特色和中华民族精神的建筑风格，向世界传达着中国声音。

在印度，设计师将印度风格的现代建筑纳入历史主义范畴，采用现代建筑结构和空间手法，以印度历史建筑样式和细部作为构图和造型语言，设计出富有印度文化底蕴的建筑，体现印度时代精神和地域性文化特征。这样的建筑技术属于地域主义范畴，也属于历史主义建筑的一部分。

在我国现代景观建筑中，有不少具有丰富的东方文化内涵，如北京香山饭店、苏州博物馆等，这些景观运用中国历史建筑符号，表达出具有东方意蕴的建筑氛围。

2. 历史主义景观的形成

二十世纪初，西方涌现出众多建筑理念、建筑形态和建筑风格，出现了一批伟大的现代主义建筑设计改革先驱。知名建筑师通力合作，设计出一个又一个著名的建筑景观。在当时的社会背景下，"少就是多""建筑的统一性""结构的诚实性"等设计理念占据主导地位，但有部分建筑设计师逐渐对过于统一、刻板的设计风格产生质疑，试图冲破束缚，丰富建筑面貌。

二十世纪五十年代，"历史主义"风格兴起，这一时期的建筑风格多样，能够从丰富的历史中汲取养料，推动现代建筑的发展。在"新古典主义"学派看来，继承传统是有必要的，建筑的设计应当继承古典形式，但这并不意味着照搬和一味模仿，而是在继承的基础上加以革新，以丰富设计风格。

（四）生态主义景观

十八世纪六十年代，国外学者提出"景观规划设计学"，体现人们从追求享受到注重环境质量的观念转变。随着西方国家资本的迅速扩张，西方民众对优美环境的诉求愈发强烈，"景观生态学"应运而生，其强调在生态系统理论指导下，从生态学视角分析人与自然的关系，为生态主义设计奠定理论基础。有学者在此基础上提出因子分层和地图叠加，倡导"地域生态规划"，推动现代景观规划设计迈向新的台阶。

生态主义在生态学理论指导下，强调景观规划设计的可持续发展，注重将文化内涵和艺术纳入设计当中，在满足人们对环境基本需求的同时，试图唤醒人们对生态环境的保护意识，实现人与自然的和谐发展。

1. 生态主义景观规划设计的设计理念

在西方生态主义景观规划设计中，以英国风景园为代表，配置自然式种植的树林、草地和小路。随着生态设计理念的提出，充满人情味的校园和郊区、公园、广场随处可见。

作为生态设计的重要构成部分，生态主义景观注重以自然为本，要求在人与自然之间寻求一个最佳的发展契合点。自然环境是人类赖以生存的物质家园，景观是人类文明的产物，景观规划设计便是自然与人类社会的纽带。

事实上，生态主义景观规划设计并非完全由自然景观产生，其离不开设计师的协调作用，旨在减少人类活动对生态的破坏。

2. 生态主义景观规划设计原则

（1）尊重自然。自然系统各个要素之间相互联系，生态系统与人类命运相关联。自然遭受破坏，实际上也是人类自身遭受损失，不尊重自然，肆意挖掘勘探势必会自食恶果。在生态主义景观规划设计中，尊重自然是前提，即结合当地实际自然资源和条件，充分利用地形、土壤、植被等资源，采用科学、低碳环保的方式进行设计，促进生态环境的循环和自我新陈代谢，保护生物的多样性，最终建立起一个协同统一、和谐发展的生态循环体系。

（2）以科学为指导。科技的发展是人类文明进步的标志，同时促进了生态景观主义的可持续发展。因此，在规划设计过程中，应当充分利用现代科技手段，加大环保材料的投入，利用高科技技术提高土壤分解能力，设计出更具生态性的景观项目。

（3）与艺术相结合。从艺术角度看，一个优美、生态的景观项目，在满足人们基本物质和精神需求的同时，能够给予人们视觉上的享受，带来身心上的愉悦。因此，生态主义景观规划应当将景观与现代艺术结合起来，充分利用现代艺术，围绕人们的审美需要，展示景观的生态美和艺术美。

（五）极简主义观

十九世纪中旬后，现代艺术思潮逐渐广泛运用于绘画、雕塑、建筑领域，西方国家城市公园设计活动逐渐兴起，经过长期探索和实践，具

有现代意义景观规划设计活动走向成熟。这一时期出现了大批富有热情和创新能力的景观规划设计师，他们围绕生态环境开展设计活动，景观从简单的私家庭院逐渐延伸到城市公共空间，采用了各种手段进行多角度的创新和尝试，景观规划设计迎来了新的发展时代。二十世纪九十年代，涌现出多个景观规划设计风格流派，呈现百家争鸣的景象。另外，以皇家贵族为服务对象的传统园林设计转移到广大民众身上，现代公共景观走向民主性、平等性。

二十世纪以来，两次工业革命推动现代景观在语言、内容、表现形式方面有了较大的发展，像极简主义、立体主义、超现实主义等现代艺术流派逐渐在景观规划设计中脱颖而出。

工业化的扩张和科技手段的日新月异，国家、地区之间的文化交流日益频繁，人们生活方式和思维观念发生翻天覆地的变化，审美观念趋于科学化、合理化。在这样的时代环境下，极简主义诞生，其对人们的审美和文化追求产生了深刻的影响。比如，人们从追求单一的形式美到追求集功能性、科学性、艺术美的多元功能价值于一体的景观规划设计。在节约型、生态型社会发展理念的影响下，极简主义在景观规划设计受到更多的关注。

二、多种艺术形式影响下景观规划设计风格

（一）中式风格、西亚风格与欧洲风格

中式风格园林包括北方园林、巴蜀园林、江南园林、岭南园林，采用的是亲近自然的设计理念，在亭台参差、廊房婉转的映衬下，通过设计假山、流水、翠竹等多样化元素展现东方美。

西亚风格园林以"绿洲"为蓝本，采用几何设计法，常以树木、形状方正的水池为元素，根据几何规则安排房屋、树木。如伊斯兰风格园

林建筑就采用精致的雕饰，丰富的几何图案和色彩纹样，给游客带来强烈的视觉差，为现代景观规划设计提供有益的借鉴。

欧洲园林强调线条化设计，采用修建、搭配等手法营造沉稳、内敛的森林氛围。如英国园林注重自然，根据风景画构图来点缀建筑，这一艺术设计手法多被用于现代园林的承接和使用。

（二）现代主义影响下的景观规划设计风格

现代艺术的长足发展，涌现出众多艺术流派和风格，大大拓展了审美观念和艺术化语言。景观规划设计在现代主义浪潮下，不断进行尝试和创新，出现了一批新风格的建筑样式。

（三）生态主义影响下的景观规划设计风格

生态景观规划设计，有利于满足人们对环境质量的要求，是未来景观设计的必然趋势。在生态主义观念指导下，景观设计注重建设"植物生态群"，追求"四季有景"的效果。通过科学搭配各种植物，确保群落之间的协调、和谐发展，实现共同生长的目标。

用生态主义指导景观规划设计，要求重视动物、微生物等要素的设计。如加强城市中鸟类的保护，为它们提供适宜的栖息空间；通过落叶的设计，加强微生物对植物的保护效果；对城市废弃物利用现代化技术进行回收利用，提高资源利用效率，同时避免病毒的传播。

沈阳的浑河湿地公园，就是从保育城市空间和浑河流域角度入手，突出"边界共生"的主体，将恢复湿地特征作为重要任务，通过有效的保护和利用，打造的集保护、科普、休憩于一体的大型公园。在公园内，人们能够进行欣赏、游览；还能开展科学文化活动，进行科普知识的教育，有利于唤醒人们保护湿地和生物多样性的意识，实现人文环境与自然环境的协调共生。

（四）后现代主义影响下的景观规划设计风格

后现代主义的诞生，使得艺术趋于生活化，营造出一种全新的思维理念，体现了媒介多变、文化理念多样的特点。在景观规划设计中，后现代主义反对过分强调功能、理性和严谨，推动景观设计的多元化。

苏格兰宇宙思考花园深受后现代主义理念影响，借助像黑洞、分形宇宙等表现主题。花园的规划设计最先阐述后现代建筑概念，自此，相关设计理念在建筑领域得到迅速传播，后现代建筑迎来新的发展机遇。

第六章　景观规划设计的艺术性表达

第一节　中国水墨艺术中的留白手法

在中国绘画的表现手法中，"留白""空白"或"布白"是常见的形式，是指构图中的"无画处"。留白通过一定审美想象获得意想空间，它与我国传统道家思想、审美意识、艺术表现手法存在密切联系，是我国传统文化作品的重要组成部分。

一、留白在中国画中的重要性

东西方绘画艺术都讲究留白，留白处理是否得当直接影响艺术效果。对于不同的画种来说，留白处理方手法是不同的，我国传统绘画艺术在早期就掌握留白手法，比如，新石器时代的仰韶彩陶、汉石刻人物画等，纵观我国绘画史绘画发展史，绘画留白被巧妙的运用到各种画面。

"师于古而不拘泥于古，虽变于古而不远古乎"，是中国绘画的一条重要经验。改革开放以后，中国画强调革新，但在传统文化的继承和研究方面稍显不足，导致许多国画家对传统技艺没有进行深入的研究，甚至将异化语言作为本体语言的改良，导致部分画作的笔道少了禅境，笔墨堆积厚重，以无端的涂鸦为荣，毫无意境可言。

中国画强调意境的营造，这与给人充足想象空间的留白艺术密不可分。在中国传统绘画中，"白"可以是天空、浮云、迷雾等各种意象，能够与不同的实景相搭配，产生的意境效果也是不一样的。留白艺术有很大的学问，体现了国人的智慧。西方绘画的"白"主要通过白色颜料表示，是高光；而国画的"白"则是画面中空出的部分，相当于一种"气"或"气局"，能够随画中所绘事物形成一种动势，素描和水彩画也不例外。国画强调墨彩韵味，在形式上有着悠久的历史，虽然没有西方形态中的"透视"概念，但更强调"三远"或"六远"，在此基础上，形成阔远、迷远、幽远，这种能产生想象力的空间，成为国画的重要元素。

"白"，是"无"，也是"虚"，在画面上体现为虚景。绘画语言是遐想的生命。"无"指"无为"，起到"无为而不为"的效果。画中留白与画的布局、构体之间的虚实关系，顺应画的"气局"游走，存在一定的方向感，留白给人以充溢之感。国画通过"白黑"二素，描绘自然与理念之间设计画面的虚实关系，水墨渗韵与妙造的留白，阐述道家文化精神境界，将"无中生有"达到一个智信的高度。因此，一副完整的画，往往具有留白；一副有生命力的画，具有浓厚的意境。从这个角度上看，留白是国画审美的必需品，国画应当遵循流势，而非注重块面、对称、透视，这与西画审美存在根本上的差异。

二、留白带来的意境美

从本质上看，"白"是单纯。一位知名清代画家曾言："'白'是纸素之白，凡山石之阳面处……树头之虚灵处，以之作天，作水……皆是此白，夫……亦即画外之画也。"由此可见，尽管"白"指画纸之质地，但在绘画作品中，可视为"有形之境"，与画面主题互为补充，成为绘画重要部分。所谓"空本难图实景清而空景现……无画处皆成妙境"。这里的"无画处"指画中留白，得以激发人们想象力、创造力，给人以灵感。"空白"常常替代中国画中的天、地、水等，多采用以虚带实的艺术手法。

在国画架构中，强调以淡至上，以简为雅，用淡微体现妙境，在恬淡虚无的笔墨中体现自然与人生的节奏和本根样相，达到豁然开悟之境的境界。留白是一种妙化的语言，是"白"在同等分量下的不同感觉。如空灵感、深邃感、无穷无尽感，也属于"无"的另一种状态，给观赏者留下无限遐想空间。留白，这种简单、纯粹的形式，能够更明确表达禅宗精神，从绝对的"本来无一物"的真实感层面出发，探寻"无一物中无尽藏"的本意。

日本的"白纸赞"方式就是以我国留白望念为基石，在白纸上什么也不画，或在某角落处提几个字，使之成为冥想世界，象征广阔无垠的心灵。"空白处补以意，无墨处似有画，虚实相合"，成为众多画家的构图真谛。国画强调墨色相渗的乐趣，在黑白之间营造出无尽的意趣，这表明，留白在创设意境的同时，也是画的法体语言之一。在整个创作过程中，留白是关键的一环，画家殚精竭虑地布置、落墨，只为创设意境考虑"留白"所在。

"意境"与"留白"和形与神一样，是一体的。创设"留白"，能够刻画出幻化的语言。所谓"形神合"，写形就是写神，形的构成是神的表现，二者不可分割。留白与意境，赋予了作品更多的内涵，如太极八卦中的黑白鱼样图式，表现世间万物发生变化，阴阳更替、无穷无尽。在国画中，黑为墨，白为纸，二者为色之极端，墨分五色，白有无尽意，给读者留下无限的想象空间，留白成为意境载体。

对于任何一种文艺形式而言，它们的形成和发展都强调意境的创造。意境最早见于《诗论》，在绘画领域出现较晚。古代诗歌的发展，使其更早接触意境范畴，古人在此基础上提出"意境""物境""情境"的

概念。明末清初，王国维总结我国古典诗论成就，在结合西欧美学成果的基础上，建立较系统的"意境说"，将意境视为衡量诗歌艺术的重要标准。

三、中国绘画中的留白体现

纵观我国绘画史，在唐代以前，主要成就在于人物画，绘画理论中形神问题占据主导地位。唐代以后，山水画得到长足发展，绘画界出现相应的特殊艺术境界，有"凝意""得意""深奇"的说法。但在这一时期，"意"的提法属于主观意兴方面，未涉及"意"与"象"的问题。究其原因，当时山水画尚处于形成时期，还未形成比较成熟的理论。宋代是山水画成熟期，山水画理论逐渐形成，这一时代的杰出画家具体地提出"意"的概念，强调绘画"当以此意创造，鉴者又当以此意穷之，此之谓不失其本意"。从这可以看出，当时的画家接触到山水画意境范畴问题。《林泉高致》的问世，标志着山水画论中意境说的诞生。到了元代，山水画主观意兴表达方面，有了划时代的发展，但仍未明确提出"意境"的概念。直到明代，有画家首次使用"意境"一词，并阐述了"意"与"境"的概念和相互关系，就山水画意境范畴等问题进行了较为详细的论述。清代画论也对意境范畴的一些问题进行了阐述，我国古典山水画论中的意境理论逐渐形成。

宋元时期的山水画意境被概括为"无我之境""有我之境"。意境，通过空间景像表达情绪，是任何艺术作品都不可缺少的要素。山水画、花鸟画和人物画都强调动静结合、时空结合，突出意境。意境是艺术作用的重要目的，是艺术在立体方面的延伸，能有效增强作品的感染力，这就是所谓的"诗中有画，画中有诗"。

元代山水画家更多的继承唐宋传统，尽管风格不一，但从意境表现倾向来看是一致的，在富有个性和情致的笔墨和物象上，表达的主观意识，如《富春山居图》。在明代，整体意境倾向也趋于主观。纵观历代名作，留白是营造意境的关键元素，也是升华意境的重要手段。杰出画家的花鸟画、山水画基本都在空灵中创设意境。创设意境的手法丰富，旨在增强空间景象的感染力。留白就是增强感染力的方式之一，以空为有，给读者留有再创造的空间。

宋代禅画中空白占据画面一半以上，如《秋林水鸟》《岩关古寺》。在《秋林水鸟》中，画的水畔一角，没有水、没有对崖；画山之一隅，没有远山、没有云雾，但观赏者不仅没有感觉缺少什么，反而想象力被调动起来。画是一门空间艺术，强调动中求静，静中求动，在和谐而有规律的状态下活动着，产生较高的美学价值和观赏价值。作为国画中一种特殊语言，留白在平远、深远的空间架构中，成为创设趣味和意境的重要元素。

五四运动之后，文人墨客的画走向民间现实主义题材，表现手法更加多样，西方绘画理论传入中国，以徐悲鸿为代表的有识之士，引线搭桥，让中西方绘画有了更多的交流机会，让注重立体感、质量感、空间感的焦点透视方法——素描，有了进一步的发展，国画构图说逐渐丰富、趋于理性。散点透视的意向趋同于焦点透视的现实意义，这也是国画与西方绘画区别所在。国画以点、线为构成要素，历来重视法度，讲皴法，通过对自然物象进行概括，在理性绘图下，通过宣纸和水墨描绘自然天趣，耐人寻味，构成一幅美丽图画；在法度、程式上，讲究"意在笔先"。在对留白和意境有了一定的认知后，运用留白这种表现艺术，在皴、擦、点、染的技法中更具有现实意义。

留白，是智慧，也是境界。相比于西方油画强调色彩冲击感，中国画用黑白二色，以"留白"之虚，配合"实景"构图，为世人呈现一个充满无尽想象的空间，在美学和艺术上拥有无法比拟的价值，体现出鲜明的民族特色，有利于凝聚民族力量，增强文化自信。

第二节 景观设计手法与书法艺术

一、书法与城市景观概念

大多数国家和民族都有自己的语言和文字，但是只有中国形成了自己的特色，将语言和文字发展成富有东方韵味的民间艺术。情感的外在形式与精神气质凝聚，化为情感，成为独特的审美情趣。作为中国文化一个独特载体，书法与字相关，强调汉字书写的实用性，通过点画、水墨抽象元素，创造审美价值，具有灵活性的特点。

景观是"景"和"观"的统一，将客观风景与人们视觉欣赏相结合。场景，指环境中存在的事物，如景色、风景。观，指人们对景的主观感受，如观察、观赏。城市景观，指覆盖城市表面的自然风光和人文风景，从狭义角度看，包括人对城市的自然环境、文物视觉体验；从广义角度看，包括地方民族特色、文化传播、艺术传统，生活气息浓厚。因此，城市景观反映一个城市的环境、历史文脉、社会经济特征和发展状况，在城市规划设计中拥有重要地位。

中国悠久的历史传统和文化内涵，赋予了书法独特的艺术韵味。书法的学习、讨论不是重复过去，而是在继承传统文化基础上，与城市景观更好地结合在一起，为景观设计提供更广阔的发展空间，赋予其深厚的文化底蕴。

二、书法与景观设计历史

经过几千年的历史演变，书法成为中华民族文化精粹，形式丰富、文化内涵深厚。小篆秀美匀称、隶书精致优美、楷书端正典雅、行书潇洒活泼、草书诡妙多变……在景观规划设计中，书法艺术通过各种材质载体将文字刻于山体碑刻，或中堂、匾额对联中，通过静态画面来丰富设计表达语言，这是对山水画的重新发现、重新使用和重新创作。

早期的甲骨文和青铜铭文，与书法中线条美、单字造型对称美等因素的形式相通。秦朝统一文字后，书法突破了单一的中锋运笔，为草书、狂草的发展奠定基础。魏晋时期，篆隶行草趋于完美。南北朝继承东方书法文化，为唐代书法形成创造条件。唐代书法是对前人书法的集大成，对后世影响深远。宋代书法家被后人推崇。元代书法，强调字体结构形态。明代楷书以灵秀闻名。

从中国园林设计起源来看，其历史悠久，它的实际意义与中国古代园林和景观设计类似。据考证，世界花园史上最早的人造景观是皇帝的神秘花园。汉代帝王建造园林成为时尚，私家园林兴起，体现了对自然的追求。隋唐时期，皇帝兴建大面积、多风格园林景观。宋朝，园林氛围建设兴盛，不少文人园林中的田园风光被注入个人特质。明代继承唐宋园林布局，但规模较小，建造风格呈现模式化特点。

三、书法的形式美原则及其在景观设计中的运用

书法的形式美，指书法笔线在表现书法家内在气质性情的同时，展现外在线形结构美。"无为而法，乃为至法"，表明书法具有无限可变性。如《玄秘塔碑》，运笔方圆兼施、刚柔相济、力守中宫，在工豪爽中透露秀朗之意。《神策军碑》在运笔、结体、通篇气势中，极为老辣，神采飞扬。

事实上，不管是书法家，还是景观设计师，都通过自己的艺术作品表现阳刚与阴柔。阳刚，倡导"丈夫之气"，强调"颈健之骨力"，追求"雄浑壮伟""奔放飞动"的审美境。阴柔，侧重阳刚之境的"中和"。

上海豫园的大假山，由自然界的顽石堆砌而成，辰峦叠嶂、洞壑深邃，让人有进入深山之感，可远望、可近观。所有的石块都是景观的组成部分，构成的线条有立体感和涩感，通过蜿蜒曲折小径展现假山块面统一与变化。江南民居，黑瓦白墙、门廊、花窗，体现点、线、面与黑、白、灰的结合，蕴藏形式美。在空间建构过程中，考虑景与景的因果关系，据需要相互独立，又应当服从整个空间的安排。一种新形式探索，只要能遵循事物发展客观规律，都能成为一种有意义创造。

线条是书法创作的物化形态，体现书法形式美。中国书法意义特殊，存在美的意蕴。书法的形式美，从营造的艺术线条入手，在刚柔、开合、虚实等变化的对比中各自成型，体现中国笔墨宣纸的特性，通过丰富笔墨变化，展现东方独特的艺术审美。

书法构图，是一种艺术境界，体现中国人整体思维方式。"意造无法"的构图意向，营造"无法有法"的艺术空间，表现国人人文精神意境，从局部到全局，书法家运用的所有手段都是为构图服务。另外，景观布局也体现书法构图形式，比如，部分景观呈对称式分布，或自由形式。南京中山陵景观，采用中西合璧的风格，利用规整式对称景观格局，钟山的雄伟形势与各个牌坊、陵门、墓室等，通过大片绿地和通天台阶，构成一个整体，韵味深刻，表现庄严雄伟，气势恢宏之感。俯瞰整个林区，平面呈警钟形，给人以警钟长鸣，引人深思。山下中山先生铜像是钟的顶尖，半月形广场是钟顶的圆弧，陵墓顶端墓室的穹隆顶像一颗钟摆锤。

书法构图创新的根本在于理解，一味强调横平竖直，字字独立，行行平行，毫无韵味可言。我国传统美学强调自然有序，顾盼有致，变化有序。巴蜀园林强调天然野趣，结合当地自然条件，将巴蜀山川的深邃、幽静和灵秀完美呈现出来。园林建筑不拘一格，造型与地貌相协调，富有地域特色，趣味性和可观性较强，质朴素雅，兼具古韵野趣，与一般园林存在本质上的区别。

在章法营构中，墨色空间与空白空间交融，体现阴阳相交的生命意识。在书法作品中，空白形式空间包括少字类形式和多字类形式空间。

1. 少字类形式空间

少字类形式空间，以浓淡墨的肌理或字义进行形象化创造，以墨色与空白对立建构。颐和园昆明湖地势平坦，河湖由人工开凿，水面占全园面积一半以上，由辽阔大型水面福海和若干中型水面，以曲折的河道连贯，结合堆山、积岛，营造江南水乡风情。在园林景观中，最显眼的建筑当属十七孔桥，状似书法中的"撇""捺"，在大片空白水面凭空一笔，形成一个"宛自天成"的自然环境，强化空白效果、突出条线所占空间与空白空间的对比。

2. 多字类形式空间

多字类形式空间，对每行字的走势、长短、字数多少、行之间的留白进行整体上的安排，在继承传统用笔和章法的同时，拓展书法空间领域，营造艺术形式美。植物景观体现空间层次和空间意境，苏州留园绿荫水榭，幽静通透，绿荫笼罩，是欣赏绿叶的宝地。拙政园梧竹幽居，以梧桐、竹等绿叶植物构成意境，大多林木由枝干组成，富有韵律变化，使得园林空间的立面更加立体，披上了一件幽静而又神秘的外衣。

纵观古今中外的景观设计，无论形式有何变化，都必须遵循形式美法则，在统一中追求变化，在变化中形成统一。美景观规划形式美，是各个要素对比统一、渐变反复、节奏韵律的综合运用，对比程度越高，视觉冲击力越大。拙政园以水景为主，多数建筑临水而建，有曲折起伏的水廊，水多桥多，桥平栏低，错落有致，富有变化，花木池岸布置精巧，自然幽深，时而开阔舒朗，时半掩半露，营造一种"犹抱琵琶半遮面"的意境。采用各种造景手法，让游客从不同角度、不同位置观赏不同景观。通过科学设计景观的主从关系、对比关系、比例关系等，实现

形式上的多样化和统一化。

四、书法艺术与城市景观设计的艺术的关系

"书中有画"是书法艺术追求的理想境界。不管是书法创作还是景观设计，实际上都来源人的情感。景观意境，来源于设计者对自然风景的观察，体现了设计师的生活态度，二者存在某些共同特点和创作原则。

甲骨文笔画结构，体现了一种古朴和谐、对立统一美感；楷书体现端庄、严谨；行书有行云流水之意；草书展现了舞剑风姿。这表明，书法的书写艺术与景观思维逐渐接近。从审美和设计思维角度看，书法强调的对比、均衡、对称、和谐、节奏，也是景观设计的艺术表现方式。一个优秀的景观设计，能够将杂乱无章的生活环境变得有条不紊，提高了人们生活效率，给人们带来了身心上的愉悦。

"有功无性、神采不生；有性无功、神采不实。"因此，同书法创作一样，景观设计也强调形神皆备。泰山顶亭联：四顾八荒茫天何其高也，一览众山小奚足算哉，表现了人们站在山顶观望景色的心境。这里山势轮廓起伏舒卷，水流蜿蜒曲折，植物枝干苍劲有力，体现了中国景观独特的书法意境。在景观设计中，要求从疏、密、虚、实四个方面入手，做到疏密有致、虚实相生。

从景观线条、时序性和造型空间来看，点、线、面的变化，形成了画面的黑白、虚实。在景观设计中融入中国线墨的视觉符号，丰富了设计表达方式。"留出空间，组织空间，创造空间"，各个层次的联系和疏导，体现了活动的动线与方向。扬州何园船厅处处临虚，空间通透流畅，重视场景的营造，形成了丰富的观赏画面。从远处看，每个景观就是一个模块形状，经过组合展示天真绚烂、雍容厚润之感，审美意象是景观各要素语言要素的综合使用，加强了景致的风格意蕴。

在景观设计中，书法的"干湿"体现材质的混合使用，通过快速平铺摩擦，赋予线条"涩"的力度和厚度，让整个设计与自然界的明暗、黑白、虚实、阴阳、形成对应，从平面感走向立体感，表现出景观的凹凸之形。

景观虚实变化、规划平衡度和疏密关系，好比与书法、音乐和舞蹈一样，富有魅力。"虚"能再现物，同时引发人遐想，营造意境，达到"处处临虚，方方侧景"的境界。避暑山庄淡泊敬诚殿以有景处为"实"，以空留的绿地为"虚"。常熟兴福寺以山石、建筑为"实"，以水为"虚"，一虚一实，来展现真实景观的水、云、天、地。

无论不管哪一种景观设计，其出发点和归宿都在于形态。在传统景观中，形态雕琢是主要着眼点，西方传统景观的设计中心也是形态视觉。北京恭王府卒锦园，以双重院墙、月洞门，体现幽深之意。苏州耦园以层层落地罩，营造"庭院深深深几许"的意境。苏州绮园的曲桥、曲案，好比乐队中每个队员虽然各自弹奏不同的乐器，但也在统一的合奏乐章，给人以和谐、协调之感。在这首"乐章"中，气势或雄伟或雄浑或静谧，通过参差、争让、挪移、虚实、强弱等艺术手段，在景观线条中给人以独立于真实自然之外的书法笔线。笔墨形式作为一种新的诠释，将产生的释式化的语言。

在景观设计中，任何一处"水晕墨画"都能够给人带来视觉上的享受、乐趣，赋予景观独特审美趣味，节奏明显，显得铿锵有力。

相比于较为含蓄的小规模景观，大规模景观应当充分展示视觉效果，否则会趋于平淡无奇。"墨法的形式感"赋予景观现代审美性，书法以单色线条为对象，运用不同的材质，赋予景观五彩斑斓的色彩，给人以内敛和外在直观的视觉感。同书法一样，景观设计应当充分考虑空间分布，在书法黑白里的不同表现，书法点、画、章法形式的表现中体现不同的韵味。景观规划的线条变化富有韵律性、时序性，是否"贯气"直接影响艺术效果。

景观的技法因素受"贯气"的制约。北京北海以白塔为主景，琼岛

在花木的簇拥下勾勒出优美天际线，序列层次分明。无论是从水面还是空中，都能感受到景观的天际线和面貌，构成一幅幅精美的平面画，同时给人以遐想空间。碧云寺通过高低错落的山体造园，给人深邃、幽静之感。

在当今文化全球化的时代背景下，书法艺术和景观设计呈现融合趋势。对书法艺术的"再生"，有利于创造富有中国文化意蕴的作品，让作品在艺术的开放与互动中得到发展，弘扬传统文化。因此。景观规划设计，应当尊重文化传统的差异，更新思维观念，以便更好的应对未来的发展；同时，科学利用书法的书体与笔法为景观设计服务，以便更好挖掘民族文化财富和艺术瑰宝，这对现代城市景观设计具有深远的意义。

第三节 "跨界"手法

一、研究意义

跨界思维，指在了解多种文化和方法的基础上，从多角度分析和解决问题的一种思维形式。思维的自由和灵动是创意的源头，是创新实践的灵魂。跨界思维理念要求打破传统思维的壁垒和界限，突破思想的束缚，进行"跨界"思考。

"运动健将擅长唱歌，歌手擅长下厨，厨子擅长缝纫"，形象地体现了"跨界"的特点。对于每个人而言，擅长的东西往往不止一项，尤其是设计师。设计师应当敢于跳出自己的圈子，突破行业的束缚，在不同甚至毫不相关的领域进行尝试。艺术源于生活，同时高于生活，景观设计也不例外。经过多个领域的学习，设计师能够认识到更多新事物，产生更多新观念，其设计的景观项目也必将更加丰富、生动。

二、研究背景

景观设计，指对现有环境进行规划设计，以实现人与自然的和谐发展，是工业时代的产物，是科学与艺术结合的结晶。景观设计学在我国起步较晚，国内并没有相对应的名称和科目，很大一部分原因归结于我国工业化起步晚。不可否认的是，我国的景观设计理念与国外仍然存在一定差距，具体表现为：先进设计思想得不到体现；相关人才匮乏；有关教育体系不够成熟。

三、国内外研究现状

近年来，国内不少设计师尝试在景观设计中糅合多种元素，但取得的效果并不显著。想要实现突破，必须转变思维观念。如苏州博物馆，将我国传统园林与公共建筑结合在一起，就是一个成功的例证。

国外对于景观规划设计的研究较早，已经形成一个较为完善的体系，取得了不少成果。事实上，景观设计从某个角度而言反映了国家在某一领域的整体水平，包括技术、理论、案例、分析等多个方面。景观设计，并不限于本行业的设计师，其他领域的成功者进行"跨界"设计并非不可能。

四、"跨界"的产生及景观概念

"跨界"是创新的结果，是现有发展理念停滞，演变出的新思维理念，是偶然性和必然性相统一的产物，与当代经济全球化趋势相适应，使事物之间的联系更加密切，体现了共性特征。

汽车行业出现的"跨界车"，有效弥补了现有车型的不足，为汽车行

业的发展探索出一个全新的路径。在工业领域,实用和概念产物事实上也是"跨界"的产物,其将自身与外界融合在一起,创造出让人们惊喜并乐于接受的优质产品。在设计方面,平面设计有摄影与插画的"跨界";建筑中有功能与元素的"跨界";景观中有爱好与功能的"跨界",这些在"跨界"理念下创造的作品具有鲜明的特征。

景观设计是一个整体概念,我国园林设计有过巅峰,有独领风骚的岁月,但不得不承认,景观设计学在我国仍处于起步阶段,相关的机制尚不成熟,我国景观设计正面临传统文化丢失的严峻挑战。我国有着五千年的历史文化积淀,自然和人文资源极为丰富,在这样的独有环境中,景观设计师应当从保护和协调的角度入手,创造出中华民族独有的景观项目。

五、景观"跨界"的可行性及其意义

与其他领域一样,景观"跨界"同样美好,能够打破单调的景观形式,赋予建筑更多的趣味和独特性。富有独特的产品,往往能全面表达自己的风格,在现代科技手段的支持下,更多优质产品被创造出来,景观"跨界"设计的前景更加开阔,有利于解决以往设计中的难题。

六、景观"跨界"的风险

现阶段,景观"跨界"还存在不少的问题,想要有效规避问题带来的风险,就需要深刻分析其内在规律,研究相关理念,从实际出发,在遵守客观事实的基础上进行"跨界"设计。一个优秀的"跨界"作品,要求具备基本的安全、美观、实用和经济功能。

因此,景观的"跨界"设计,必须立足于实际情况,脚踏实地,同时又做到不拘泥于形式和概念,敢于改革,敢于创新。

七、景观"跨界"的应用

所谓景观"跨界"设计，指某人在从事某项工作时，用以前的想法和独特手法对景观项目进行规划和设计。如一个绘画方面的人才，在"跨界"设计景观时通过绘画的形式将自己的见解表达出来，当他的观点得到业界大多数人的肯定时，这种景观"跨界"设计就是成功的。由此可见，社会中的众多行业和领域都能与景观摩擦出火花，在全球化的时代背景下，经济、文化界限都将被打破。当今的社会已然成为一个"只有想不到，没有做不到"的时代，只要被广大人民群众接受、喜爱的作品，就算得上成功。

像艺术绘画、表演、展示类行业，其感性占据主导地位，不会受到各种规则的束缚，想达到较高的艺术效果就需要追求视觉张力；而像医生、工程师等以理性为主导的行业，更多的就需要有相应的理论作为基础，不应掺杂过多的感性色彩，这类领域更容易生成"跨界"景观设计，且具有较高的实用价值。

八、景观"跨界"对其他行业的影响

设计群网是一家做第三方建筑设计的软件平台，为广大建筑师提供良好的创新创业交流平台，在这里，设计师们能畅所欲言，发表自己独到的见解，并与他人探讨问题。同时，建筑师也能从该平台承揽更多的建筑类业务，为消费者排忧解难。

设计群网的定位是打造以绿色建筑设计为依托的交易方案平台，以专业性较强的原创设计方案为模式，利用拥有海量信息的互联网集聚了上万名建筑师，建立起庞大的原创方案交流社区。设计师们在这里提出新观念、新看法，为人们提供绿色建筑设计方案和服务。

设计群网是一个建筑师跨界互联网的典型，从一开始就吸引了大批志同道合的建筑师，通过设计专业的思维跨界到互联网，实现资源的有效整合，使得设计更加人性化、与生活贴切，打破行业垄断，为行业的发展注入了新鲜血液，开辟了一条全新的发展路径。

"75后"创业者Z，设计过很多产品，如百慧视觉、百慧建筑咨询、慧筑投资等，如今将建筑行业跨界到旅游、农产品、电商等领域。创业者Z的跨界能力从效果图制作跨界到建筑设计、房产开发，又到地方产业链重组，再到"O2O"经济。这充分证明，"跨界"的趋势和形式具有多样化特征，各行业的可融合性较强，呈现相互融合、相互影响的趋势。

景观设计不再仅限于设计行业，逐渐与人们的现实生活相联系，能够融入电器、互联网、交通、建筑、工艺品各个领域，极大丰富了人们的生活方式，推动了行业之间的融合。

第四节　竖向设计

一、竖向设计的概念（垂直设计、竖向布置）

结合场地自然地形特点、平面功能布局与施工技术条件，在研究建、构筑物及其他设施之间的高程关系的基础上，充分利用地形，减少土方量，确定建筑、道路的竖向位置，合理地组织地面排水，以便地下管线的敷设，有利于解决场地内外的高程衔接问题，竖向设计基本任务如下。

（1）进行场地地面的竖向布置。

（2）确定建、构筑物的高程。

（3）拟订场地排水方案。

（4）安排场地的土方工程。

（5）设计有关构筑物。

二、竖向设计的原则

（1）满足建、构筑物的使用功能要求。

（2）结合自然地形减少土方量。

（3）满足道路布局合理的技术要求。

（4）解决场地排水问题。

（5）满足工程建设与使用的地质、水文要求。

（6）满足建筑基础埋深、工程管线敷设要求。

三、竖向设计的现状资料

（1）地形图—地形测绘图（1:500、1:1 000）（0.05～1.00 等高线）（50～100 m 纵横坐标网）。

（2）建设场地的地质条件资料。

（3）场地平面布局—场地内的建、构筑物。

（4）场地道路布置。

（5）场地排水与防洪方案。

（6）地下管线的情况。

（7）填土土源与弃土地点。

四、竖向设计的成果

（1）设计说明书。

（2）竖向布置图。

（3）有关技术经济指标。

（4）土方图。

五、地面竖向设计布置形式（场地平整程度、高差变化）

地面竖向设计布置形式见表 6-1、图 6-1、图 6-2 所示。

表 6-1　竖向设计布置形式分类表

设置形式	含义
混合式	用地经改造成平坡和台阶相结合形成的用地形式
平坡式	用地经改造成平缓斜坡形成的用地形式
台阶式	用地经改造成阶梯形成的用地形式

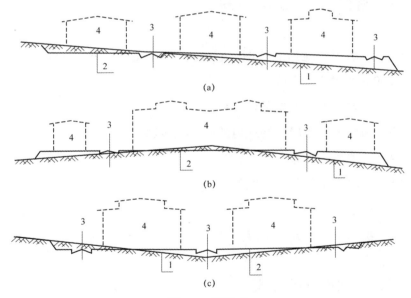

图 6-1　平坡式

1—自然地面；2—设计地面；3—道路；4—建筑物

（a）单向斜面平坡；（b）由场地中间向边缘倾斜的双向斜面平坡；

（c）由场地边缘向中间倾斜的双向斜面平坡

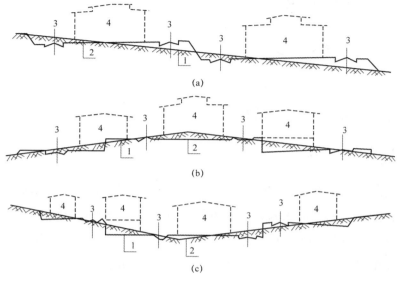

(a)

(b)

(c)

图 6-2　台阶式

1—自然地面；2—设计地面；3—道路；4—建筑物

（a）单向降低的台阶；（b）由场地中间向边缘降低的台阶；

（c）由场地边缘向中间降低的台阶

六、地面竖向设计布置形式内容

一般来说，自然地面坡度分为平坡、缓坡、中坡、陡坡、急坡，具体见表 6-2。

表 6-2　自然地面坡度类型

类型	数值	特征
平坡、缓坡	平坡：3% 缓坡：3%～10%	小于 5% 的缓坡地段，建筑宜平行于等高线或与之斜交布置，长度不超过 50 m
中坡	中坡：10%～25%	宜平行于等高线或与之斜交布置陡坡、急坡
陡坡、急坡	陡坡：25%～50% 急坡：50%以上	不应大规模开发

（一）台阶式布置

1. 台阶的尺寸（容许宽度）

容许宽度：$B = (175 \sim 180\,\text{mm}) \times (H_{填} / i_{地}) - i_{整}$

一般来说，整平坡度范围为：0.5%～2%。

2. 台阶的高度

台阶高度，指相邻台阶之间的高差，受到场地自然地形横向坡度和相邻台阶之间的功能关系、交通组织和技术要求等因素的影响。一般来说，台阶高差在 3.0～4.0 m 为宜，不超过 6.0 m，以免道路坡度过长，交通组织困难，增加挡土墙等支挡结构工程量。同时台阶高度一般不小于 1.0 m。

3. 按降雨量划分台阶高度（见表 6-3）

表 6-3　按降雨量划分台阶高度

年平均降雨量/nm	每个台阶的分台高度/m		备注
	一般黏性土	黄土	
<250	—	12	
250～500	10	10	
501～750	10	—	
751～900	8	—	

4. 台阶与建构筑物的距离

位于稳定土坡坡顶上的建构筑物，当基础宽度小于 3 m 时，基础底面外边缘至坡顶的水平距离不小于 2.5 m。

（二）护坡和挡土墙

护坡是指建设在边坡上的附属建筑，起防护边坡不被雨水冲击及对边坡绿化影响的。挡土墙主要是用来维持较高路基以减少放坡或防护河道，但二者并不是特别的相关，有的时候护坡底点（力点）作用于挡土墙上，它们之间可能是相互独立的，也可能互为帮衬，但护坡必须在边坡上。

1. 挡土墙

挡土墙是防止路基填土或山坡岩土坍塌而修筑的、承受土体侧压力的墙式构造物。常见的断面形式：直立式、倾斜式、台阶式、重力式、悬臂式。

2. 挡土墙、护坡与建筑的最小间距

① 居住区内的挡土墙与住宅建筑的间距应满足住宅日照和通风的要求。

② 高度大于 2 m 的挡土墙和护坡的上缘与建筑间水平距离不应小于 3 m，其下缘与建筑间的水平距离不应小于 2 m。

3. 挡土墙的形式及选择。

① 使墙背土层压力最小，仰斜墙的主动土压力最小，而俯斜压墙主动土压力最大，垂直墙主动土压力介于二者之间。

② 按填方要求，当边坡挖方时，仰斜墙背与开挖的边坡紧密地结合，俯斜压墙背则需回填土。

③ 当边坡填土时，仰斜墙背填方夯实困难而垂直墙与俯斜墙夯实较容易。

④ 墙前地形平坦时，用仰斜墙较合理，墙前地形较陡时，用垂直墙较合理。

4. 挡土墙的基础置埋深度（见表6-4）

表6-4　挡土墙的基础置埋深度

基底岩层	H/m	L/m
石灰岩、玄武岩	0.25	0.25～0.50
页岩、砂射交互层	0.60	0.60～1.50
松软岩石	1.00	1.00～2.00
砂混岩石	>1.00	1.50～2.50

5. 挡土墙排水措施（见图6-3）

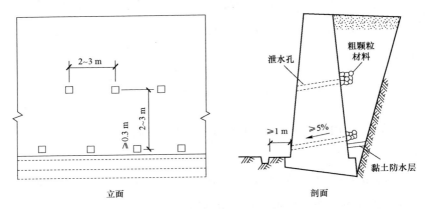

图 6-3　挡土墙排水措施

6. 挡土墙的加固（见图6-4）

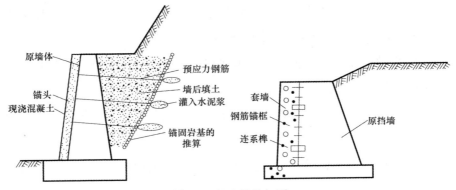

图 6-4　挡土墙的加固

（三）边沟和排水沟

边沟设置在挖方路基（路堑）两侧，排水沟设置在填方路基（路基）两侧。功能和结构基本相同，排水沟尺寸略大。

边沟是排水量小的区域，就是道路边的下水道，用来收集和清除道路区域内和流入道路的小量地层污水；排水沟是把边沟、截水沟或道路附近的积水排到桥涵处，或道路之外的天然河沟内的沟渠。

七、竖向设计的方法

（一）高程箭头法

（1）根据竖向设计的原则及有关规定，在总平面图上确定设计区域内的自然地形。

（2）注明建、构筑物的坐标与四角标高、室内地坪标高和室外设计标高。

（3）注明道路及铁路的控制点（交叉点、变坡点）处的坐标及标高。

（4）注明沟底面起坡点和转折点的标高、坡度、明沟的高度比。

（5）用箭头表明地面的排水方向。

（6）较复杂地段，可直接给出设计剖面。

（二）纵横断面法

（1）绘制方格网。

（2）确定方格网交点的自然标高。

（3）选定标高起点。

（4）绘制方格网的自然地面立体图。

（5）确定方格网交点的设计标高。

（6）设计场地的土方量。

（三）设计等高线法。

设计等高线法的竖向设计方法具体见图6-5。

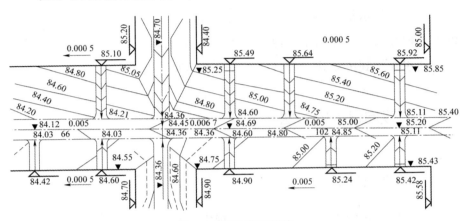

图6-5　设计等高线法

八、土方石与防护工程主要项目指标

土方石与防护工程主要项目指标见表6-5。

表6-5　土方石与防护工程主要项目指标

序号	项目		单位	数量	备注
1	土方石工程量	挖方	m³		
		填方	m³		
		总量	m³		
2	单位面积土方石量	挖方	m³/10⁴m²		
		填方	m³/10⁴m²		
		总量	m³/10⁴m²		
3	土方石平衡余缺量	余方	m³		
		缺方	m³		

续表

序号	项目	单位	数量	备注
4	挖方最大深度	m³		
5	填方最大高度	m³		
6	护坡工程量	m³		
7	挡土墙工程量	m³		
备注				

九、坡面

（一）非机动车车行道规划纵坡与限制坡长

非机动车车行道规划纵坡与限制坡长见表 6-6。

表 6-6　非机动车车行道规划纵坡与限制坡长

车种　限制坡长/m　坡度/%	自行车	三轮车、板车
3.5	150	—
3.0	200	—
2.5	300	—

（二）城市主要建设用地适宜规则坡度

城市主要建设用地适宜规则坡度见表 6-7。

表 6-7　城市主要建设用地适宜规则坡度

用地名称	最小坡度/%	最大坡度/%
工业用地	0.2	10
仓储用地	0.2	10

用地名称	最小坡度/%	最大坡度/%
铁路用地	0	2
港口用地	0.2	5
城市道路用地	0.2	8
居民用地	0.2	25
公共设施用地	0.2	20

（三）建筑物与地形坡面的关系

建筑物与地形坡面的关系如图 6-6。

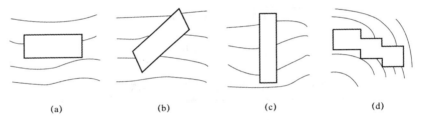

(a)　　　　　　　　　(b)　　　　　　　　　(c)　　　　　　　　　(d)

图 6-6　建筑物与地形坡面的关系
（a）平行等高线；（b）与高等线斜交；（c）垂直等高线；（d）混合布置

（四）建筑物结合地形布置方法

建筑物结合地形布置方法如表 6-8 所示。

表 6-8　建筑物结合地形布置方法

布置方法	适用范围	特点	相关参数
提高勒脚	缓坡、中坡	将建筑物四周勒脚高度调整到同一标高，垂直等高线布置（<8%）平行于等高线（10%～15%）	1.2 m
筑台	缓坡、中坡	建筑物垂直等高线布置（<10%）平行于等高线（12%～20%）	—
跌落	4%～8%	垂直等高线布置时，以建筑或开间为单位	—
错层		建筑物垂直等高线布置（12%～18%）平行于等高线（15%～25%）	—

十、建筑物室内外地坪高差

建筑物室内外地坪高差见表 6-9。

表 6-9 建筑物室内外地坪高差

建筑类型	最小高差/m	建筑类型	最小高差/m
宿舍、住宅	0.15~0.45	学校、医院	0.60~0.90
办公楼	0.50~0.60	沉降明显的大型建筑物	0.30~0.60
一般工厂车间	0.15	重载仓库	0.30

十一、道路交叉口处理

道路交叉口处理如图 6-7 所示。

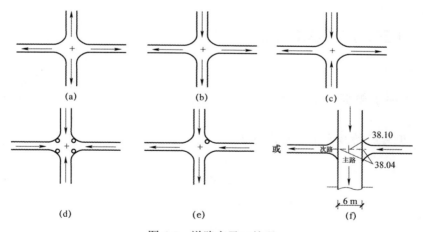

图 6-7 道路交叉口处理

十二、场地雨水排水方式

场地雨水排水方式如图 6-8 所示。

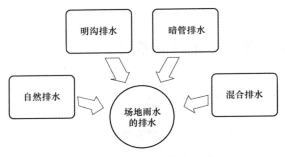

图 6-8　场地雨水排水方式

各种明沟沟深和纵坡度要求见表 6-10。

表 6-10　各种明沟沟深和纵坡度要求

明沟类型	Δh 最小值/m	H 最大值/m	H 最大值/m	最小纵坡/%
梯形明沟	0.15	0.2	1.0	3
矩形明沟	0.15	0.2	1.0	3
三角形明沟	0.0.0.10	0.2	1.0	5

十三、广场基本形态

（一）单脊广场基本形态

单脊广场基本形态见图 6-9。

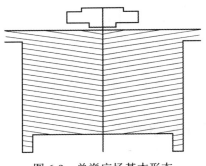

图 6-9　单脊广场基本形态

（二）双脊广场基本形态

双脊广场基本形态见图 6-10。

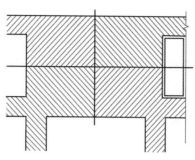

图 6-10 双脊广场基本形态

十四、处理好填、挖关系

（1）多挖少填。

（2）重挖轻填。

（3）上挖下填。

（4）近挖近填。

（5）避免重复填挖。

（6）安排好地表覆土。覆土顺序：上土下岩，大块在下，细粒在上；酸碱性岩土在下，中性岩土在上；不易风化的在下，易风化的在上；不肥沃的土在下，肥沃的土在上。

十五、土方工程相关问题及余土计算

（一）土方工程的其他相关问题

土壤经过挖掘后，土体的原组织结构破坏，其体积必然增大。只有

经过一段时间后，由于上层土压的作用和雨水浸润，或经过夯实后，土壤颗粒再度结合，才能基本密实，但仍不能把挖松的土壤夯实到原来的体积。

（二）基础、道路及管沟的余土估计

（1）建筑物、构筑物、设备基础的余方量。

（2）地下室的土方量。

（3）道路路槽的余方量。

（4）管线地沟的余方量。

第五节　控制手法

随着我国社会经济的快速发展，加上相关园林设计行业需求日益增长，景观设计在得到长足发展的同时，也存在以下问题：建设项目工期紧张，工程设计和施工安排倒排，设计环节的审查不够；施工队缺乏与项目匹配的施工经验，高技能的技工匮乏；由于设计和施工的脱节，建造者未必能理解景观工程师的设计意图，设计者未必能在现场掌握调整设计和控制施工效果。其中，最本质的问题在于景观施工效果不理想。

一、景观设计与施工控制对景观设计的影响

景观设计，通过对整体生态环境的创造，实现与周边环境、建筑、自然和谐共生的动态过程，构成要素包括岩石、地形、景观设计绿化和景观建筑及构件，设计的关键在于重视细部设计和施工质量。

二、景观工程设计与施工最常见的问题

在景观工程设计中，质量控制往往是施工的薄弱环节。对此必须强化设计理论，利用现代施工技术，进行改革创新，全面分析施工场地，提高设计质量。想要实现设计愿景，就需要有专人推动设计意图和实施施工技术，统筹安排施工日程，以维护开发商的良好形象。

在园林工程中，施工与设计存在脱节。建筑设计严格按图施工，但景观设计是一种理念，无论是观念中还是现实中的景观都超过了设计图的表达范围。事实上，景观设计是一个设计和再创造过程，涉及的地理区域范围较大，工作类型多样。因此，在具体的设计和施工中，必须充分考虑各种因素，设计人员对施工单位建造的效果加以确认，并提出自己的想法，以确保施工与设计保持在一个步调上。

三、选择优秀设计单位是项目成功的前提

一般来说，大型景观工程设计地域广、专业多，包括建筑、水环境、植物绿化、导向标识、喷灌系统等多个学科，这就要求设计单位具备较强的创意能力、相关建设经验和资源整合能力，以便把控整体的设计效果，精确控制细部设计。在招投标过程中，好的方案固然重要，但考察设计单位综合素质、处理好方案整体和细部效果等方面也不容忽视。

四、专业素质高的施工单位是项目成功的保障

景观项目的成功，与施工单位的专业素质有很大关系，要求具备相当的设计能力，对景观主题把握深刻，拥有重新创造艺术的能力。因此，在景观设计前，需要重点考虑施工单位的经验，类似景观质量、施工设

计、管理思想等方面，而不能以价格作为唯一衡量指标。

五、设计监理是连接设计与施工的重要组成部分

在触控设计和施工问题方面，应当借鉴国内外优秀工程建设经验，邀请工程专家作为项目的设计监理，让其在充分了解设计意图的基础上，参与施工全过程、现场设计和控制施工效果，以确保景观质量。

在计划到施工图阶段，施工单位并未得到完整的设计信息，因此设计师必须向单位准确传达设计意图。设计监理需要阐述设计理念，说明设计目标和理想效果。

设计监理应当结合项目实际情况，评审和修订施工组织的设计，以确保施工的进度和操作。如保证生长期的植物多，按要求调整施工顺序；对树的保护应制定切实可行的措施，设计监理可以提出一些修改意见。

人工地形直接影响景观工程的整体效果，有利于营造诗意的人造空间。尽管有明确的高程点和等高线地形图，设计过程仍需要进行微调，以确保地形设计得完美。

在景观设计中，绿色控制和栽植也是一个重要元素，对主要景观树影响较大，所以设计监理和施工单位需要一同确定苗木的来源和品种，注重道路广场上形态、分支点一致地树立排列齐整。施工单位应当严格按照设计方案，采用等级验收、合格证等方式，对植物的树形、卫生、种类进行核查。

在景观设计中，应当高度重视细部处理。现阶段，随着计算机技术的成熟，已经能够用一个逼真的三维图像表达设计意图，但现场场景是四维的。设计师应当充分发挥想象力和创造力，利用现有的设计经验和理念，发现更多新的设计机会。

此外，景观设计还需要考虑植物搭配、配套建筑的尺度、灯具等问

题，尽可能设计得更完美。以往的景观设计，更多重视建筑本身的形式和功能，忽视了周边景观和植物搭配，导致即便有一定规模的绿地，也无法与周边环境相协调。因此，必须根据适当的比例，在研究量的关系的基础上确定建筑造型，实现建筑、景观、灯具、标牌的融合。

对于设计监理而言，需要配合甲方、设计单位、施工单位、监理单位，仔细核查材料样品、模型施工，以确保设计最终效果。实验模型应当保留，作为施工人员的标准和接受的标准。同时，站点所有非公认模型应当被破坏，以免与正确的模型混淆。

在施工工程中，必须保护建筑环境，这离不开设计专家的监督。相关人员应当保持认真、严谨的工作作风，尊重生命、珍惜劳动成果，共同推动景观项目的圆满成功。

一个成功的城市园林绿化工程，是参与各方智慧的结晶，需要设计与施工的密切配合，做到精益求精、精工细作，朝着共同的设计意图和目标努力。在设计和施工中，每一位员工的作用都是独一无二的，设计方应当深入现场，施工方需要积极与设计方交流、沟通。设计监理是连接设计和施工的桥梁，是景观项目成功的关键。

第七章 景观规划设计的拓展研究

第一节 景观规划设计的美学思想

一、困惑与问题

随着我国经济的迅速发展，人们生活方式和审美观念也在不断变化，传统美学空间原则的功能形式受到挑战，审美观念空间多元并存成为未来中国社会发展重要趋势。随着历史性的融合与旧区景观空间美学原则的置换，这种融合、置换体现的是世界各国之间、城乡之间、文化之间的交叉融合，且趋势在日益增强，生态景观审美模式即将开启。

进入新世纪，各行各业都在接受新理念的洗礼和挑战，然而，生活环境问题也愈发严重，经济发展与生态环境的矛盾日益突出。在这样的时代背景下，景观规划设计需要立足时代潮流，制定与社会发展相适应的政策。因此，规划设计概念应当及时调整和更新，以解决当地人口与地区的矛盾，同时改善周边生态环境乃至全球的环境。

二十世纪西方工业设计革命浪潮掀起，阐释了现代意义的空间环境美学，推动了社会发展，促进了人类文明进步。新世纪下，当代人想要续写新的篇章，就必须提出新的规划理念，以协调各种矛盾，在新的设计思路和思考层次下重新规划思维战略，推动改革创新。

二、思想的交融

知识经济时代的到来，互联网的普及，传播手段得到极大的丰富，社会发展步伐加快，社会需求和个人需求也在不断变化。在这样的规划设计美学思想时代下，传统的信息文化和生态与被视为"黄金法则"的审美空间功能和形式比例原则无法适应，原则的复杂、多变和丰富的含义，对千篇一律的城市风格建筑带来了巨大挑战。

原始、自然、多义、丰富的原生态景观和农业文明人工景观逐渐回归人心，机器和工业文明不再是人们唯一的审美选择。在郊区和农村工业化过程中，我国空间审美意识、经济、文化存在较大差异，体现的是相互融合共存的状态，反映了更纯粹的工业文化和农业文化，甚至体现出一个传统和谐的原生态。但是在这样一个复杂空间审美状态下，基本都存在一个更加清晰的收敛性，即各种文化和生存状态——理想景观模式。

理想景观生态美学，是对原生态景观美学的抽象化，反映了人类的先进文化和科学技术，能够适应自然生态需求和高技术文化需要。它从原生态山水审美入手，重视人类各个历史阶段的感情生活、科技文化、历史记忆，反映工业时代比例尺度、空间形态原则，从宏观和个体层次上反对单一化的审美观念。

在经济全球化时代，我们要在立足本民族传统文化的基础上，吸收、借鉴外来优秀文化。我国经历了漫长的农业文明，文化理念与人类高度和谐；当迈入信息化时代后，我国农业生态文明理念有了巨大发展。我

们坚信，规划和设计美学的主流意识形态必然与功能性美学原理和景观生态审美观的更替相结合，其他美学思想不仅不会消失，反而会更加细腻，富有特色。

三、景观审美观念的审核与抽象

经济基础决定上层建筑，经济的繁荣必然促进文化的繁荣，这是人类历史发展客观规律决定的。随着中国经济进入新起点，在新经济形势和环境下，整合和完善相关理念是必然的。我国文化中的传统农业文明的审美化、生态化理念与东方古代哲学相互补充，使我国景观生态美学，尤其在发达地区形成了先锋的审美观念，在科学技术推动下实现了高度和谐。

从整体上来看，空间规划和设计文化审美观，基本主要会三种趋势呈现在人们眼前：其一，乡村田园审美观；其二，简约主义美学观；其三，景观生态审美观。

（一）乡村田园审美观——农业文明的审美观

农业文明时代，典型的景观是童叟贤士、麦香稻花、田园风光、桑麻之乐，这种审美观念不会使农业文明消亡，而是使之成为一种经典文化和自然景观，永存人们的记忆当中。

（二）简约主义美学——工业文明审美观。

机器审美的兴起，标志着工业文明时代的到来。所有的事物在工业文明时代下显得更加丰富，规则更加简洁。人类创造了经济功能原理，世界变得更加明晰，且富有想象力。

（三）景观生态审美观——生态信息文明的审美观

景观生态审美是一种整体审美观念，作为一种美学原则，它不以生态生活为主要内容，而是将各种生态元素糅合在一起，以生物物种栖息地的和谐为核心，在此基础上考虑人的发展空间，以创造一个人与自然相和谐的生态化环境，推动社会的可持续发展。

自然环境包括人类自然生态的自然习性，这是人类在长期社会实践中创造出来的。这种生态学思想贯穿于阿卡迪亚式和帝国式自然观。前者以生活为中心，将自然视为人类需要尊重的合作伙伴；后者以人类为中心，将自然作为人类需求与资源利用来源。

在工业文明时期，帝国式生态思想占据绝对优势，但在工业化后期，这种思想变得极端。导致生态环境遭受破坏，与一切整体观念生态学思想不相符。进入新世纪，可持续发展战略成为全球共识，其体现出一种新的思想和发展理念，而规划和设计思想的转变是社会经济发展和人类审美文化的发展的需要，但在很长一段时间，设计、管理、决策都在使用简单静态的工程空间功能，并以此来创造一个世界顶端水平蓝图，导致我们面对的是只有粗糙呆板、毫无生气的场景空间。

标准的思考是一种资源的浪费，为了打破这种僵局，我们必须分析规划设计中的优势和不足。在结合当前形势和发展趋势下，实现思想和理念的转变。

第二节　湿地景观规划设计中的文化要素

本节以中山市和穗湿地公园为例，阐述湿地景观设计中文化要素表达技巧和方式。

一、项目背景及现场调查

"东风镇"为"河城"和"过渡性湿地"提供公共空间，在改善、保育和修复自然水域生态环境方面起到重要作用。

和穗湿地公园位于东风镇东方精品馆，状似在浅滩嬉戏的鱼儿，整片规划土地为堤海滩区，对周边主要道路网络系统有良好的改善作用，属于中山市最大的湿地公园。

二、文化表现形式在景观规划设计中的表现

和穗湿地公园规划设计，从主题公园、公园开发利用方向和公园景观三方面入手。在主题方面，通过休闲方式营造文化氛围，结合娱乐、园内一切色彩、造型，形成具有突出特色的园林线索；在开发利用方面，以尽可能保留自然遗迹为主，通过部分工程设施引起决策者的注意；在景观绿化方面，采用园林设计、景观小品、建筑风格等形式，打造具有文化美和艺术美相结合的建筑，从而给游客留下深刻的印象。

三、湿地景观文化表现类型

（一）自然、生态、可持续发展的湿地景观文化

与一般的滨水景观设计相比，湿地景观规划设计需要全面考虑其生态系统情况，确保生物的多样性，以彰显生命力。在具体设计过程中，应采用各种方式打造一个完整的湿地生态系统物种群落结构，并结合生态系统良性循环和城市公共服务目标加以规划。

（二）历史、文化湿地景观

据历史文献记载，龙舟赛从古代南方传统沿袭而来，"水任器而方圆"是对岭南文化的最佳诠释。岭南龙舟文化，经过长期的演变，与民间传说和民俗活动联系在一起，最终形成端午节民俗活动。近年来，我国端午节在世界范围内传播，对许多国家和地区产生影响。

东风镇"五号飞船"项目，事实上就是由我国传统龙舟演变而来，当地居民的龙舟运动逐渐流线化和精炼化，且成功列入中山市非物质文化遗产，属于法律意义上的民间财富。近些年，"五号飞船"项目陆续开放，吸引不少团队参加龙舟比赛，成为当地一个重要文化活动。

"民族文化的根基，精神文明的传承，需要载体"，而民俗文化也依附于现有的建筑和其他物质载体。和穗湿地公园作为以"五飞艇竞争"为主题的民俗活动，承载着当地人们的文化精神，在丰富区域内以及周边居民文化生活的同时，继承和弘扬了民族精神。

和穗湿地公园蕴含深厚的文化底蕴，历史痕迹深刻，是一个充满回忆的公共空间，将普通人民的生活碎片、民间传说描绘成一道靓丽的风景线，具有人性化、生态化、科学化特征，是一个承载着厚重的文化历史的景观。

（三）科普、教育、湿地景观文化

湿地景观文化设计，在重视生态价值和环境教育价值的同时，也不能忽视审美价值和游憩价值，与一般的滨海景观存在本质上的区别。湿地景观是一个完整的生态系统，有完整的物种群落，通过指导设计、环境教育，唤醒人们的生态保护意识，为人们提供完整的服务体系，促进人与自然的和谐相处，成为湿地景观文化中的重要组成部分。

（四）湿地景观文化美学观点

湿地公园景观规划设计，需要考虑大众的审美需要，其一般包括设

计美学的角度、设计思想、美学和价值观等概念。

和穗湿地公园景观设计，突出生态化原则，将保护和恢复放在首位，在尽可能保留桑基塘路的同时，进行适当干预，实现了整个园区的生态平衡，推动了园区的可持续发展。

四、湿地公园景观规划设计中的文化因素

（一）自然生态水系

和穗湿地公园周边有古朴的风景，丰富的动植物，景色优美，环境宜人，其以水为基本载体，各种水景丰富了公园景观。公园内的人工湖，是根据一个大面积开放式的池塘雕刻而成。园内的桑园体现湿地公园的自然性，这些都属于自然的"道"文化。

（二）人与自然景观单元相结合

和穗湿地公园有人工湖、文明林、天后宫、荷花池，这些景观单元都是中山市的重要生态项目，体现当地居民对和谐生活和高质量环境的追求，寄托着人们深厚而又真挚的情感。这些景观要素，或借助自然风光，或依托文物，来展示相应的观赏主题，是湿地公园文化的重要组成部分。

（三）龙航观景区

在整个和穗湿地公园中，"飞艇竞争"最具影响力，是人工与自然景观相结合的产物。"五号飞船"提供了一个可观看龙舟赛的主题广场，最多可容纳五百人。广场的北边是龙舟文化博物馆展览区，体现当地龙舟文化。

（四）特色植物

和穗湿地公园，结合当地丰富植物资源，营造出亚热带景观风格，具有简约而不失大气的风格；通过种植荷花、荇菜、芦苇等具有净化水质作用的水生植物和鸢尾、浅植柳等开花植物，为鸟类提供栖息地；保留原有的荔枝园、柑橘园，增加人工蜂巢等元素，构造成一个质朴、自然的田园风光；园区内的挺拔的树木形成垂直线，植物底部的层次结构清晰明了，体现出各种色彩交相辉映，呈现出一种别样的协调之美。

湿地公园景观设计富含丰富的文化内涵，景观造型独特，在保护原始湿地和野生动物的基础上，进行人工化设计，在模拟自然萃取物精华的同时，将历史文化与湿地保护有机地结合起来，以增强人们的文化归属感和社会责任意识，发挥重要的教育作用和审美价值。

第三节 数字技术在景观规划设计中的应用

为了更好地表达意向性的景观设计，人们需要通过各种信息技术，设计大量可预测性大量图形。在此基础上，根据显示的设计效果，结合功能需要、艺术、环境条件等要素，参考相应的意见和建议，对图形加以调整、修改，并运用到设计实践当中。

随着数字技术的成熟和广泛应用，计算机逐渐成为景观设计的重要工具，以解决图纸修改难度大、表达不直观等问题，从而使得设计更加完美。将计算机信息技术和景观规划设计结合起来，形成了数字信息技术在景观设计中的应用，具体流程如下。

一、建立数据库

首先，结合现有地形图和数据库，利用信息技术手段，对现状信息进行调查，调查内容包括周边环境、现有历史遗迹等。在以往信息采集过程中，往往先拍照，再将照片扫描到计算机上，但这种方式可能会导致部分信息丢失。如今的数码照相机能够避免这种情况，其能够将捕捉到的图形储存在数据当中，直接传输到计算机；或者利用数字摄录机进行现场录制，将可识别信息数据传输至计算机，通过相应软件进行处理后，以直观、生动的动画形式再现数据。

其次，根据地理图像和周边环境，确定方位，以树为过渡空间。在设计的过程中可借鉴其他设计理念，以加快设计速度，节约设计成本。

二、三维造型

为了满足一定的物质需要和精神需要，可以借助某种物质手段组织一个特定的空间，设计三维造型。在设计、使用和改造自然或人工景观时，根据种植与建设的厂房布局，构建一个供使用、居住和欣赏娱乐的空间，将采集的信息利用信息技术手段转化为计算机信息，以此作为背景，设计人员结合景观的功能、艺术、环境等因素，确定大纲（设计意图），数码制作人员根据大纲和二维图形设计师 AutoCAD 格式的设计，变成标准数据文件格式，并转化到现代三维建模软件当中。在三维粗坯生产模式初步建立后，在把握环境分布和空间分布关系的基础上，确定设计理念。在作曲技法艺术方面，考虑统一性和变化性，并遵循尺度、比例、平衡等原则。

相比于一般的建筑，景观空间要求更多的意境，占用时间、色彩、造型和立体空间，借助数字计算机虚拟显示技术，将概念和计算机多媒体技术结合起来，达到相互补充的目的。此外，在艺术表现方面，园林艺术设计应当具有可预测性，设计师在尚未施工时就能看到设计的效果，并加以调整和修改。现代三维建模技术和渲染以及动画功能，为景观设计效果的预测提供了有力的技术支撑。如 F 市中心广场的雕塑设计，采用的就是三维建模软件 3 ds MAX，在对比多种方案，并在计算机仿真漫游的基础上，确定雕塑水景观的视觉中心。

三、设计反馈

设计人员利用计算机虚拟现实技术的空间分布图，根据当地环境、历史遗迹和遗址的深层园林布局，来观察计算机虚拟现实的嵌入环境，考虑设计规模和比例。另外，结合功能需求、艺术和环境等因素，确定总体设计意图。

在福泉高速公路莆田段景观设计中的鳌山服务区，进入莆田市的第一景观呈现的是一个流动与静态风景相结合的景观。妈祖是海上和平女神，是莆田重要的文化遗产和文化景观。设计师们在有限的空间内，利用计算机仿真技术，在认真分析雕像的位置和大小的基础上，最终决定将妈祖雕塑设置在北侧主要公路上，南方面临大海，喻示妈祖庇佑海上渔民和过往车辆、乘客的安全。妈祖广场周围绿色为主的草坪和叶色的灌木及塑料厂，种植修剪组合成一个富有节奏感的波浪纹植物组合和海上女神的创作背景。

设计人员对意图材料进行修改，从而提升景观设计的艺术感染力，具体措施为：利用嵌入在 Lisp 语言的 AutoCAD 软件，在科学计算和分析相关数据的基础上，通过 3 ds MAX 软件建模工具，对景观颜色质量、颜色和纹理进行细节上的处理。如福州南部的风光对园林空间的艺术感染力；闽江大桥南立交桥环境设计，利用花坛、花卉等强烈流动的动态模式，通过电脑显示，呈现图案的美感。对现代城市景观风貌分析，利

用现代信息技术营造绿色环境，增强了立交桥的主体性，展示了现代城市文明。

另外，部分材料还应考虑生活和工作的需要。如福泉高速公路莆田段景观设计、收费站景观设计、交通和过去的外向型空间等，通过植物的色彩进行计算机仿真组合叶色变化，确定景观主题，给过往车辆司机营造轻松的视觉场景视图。此外，收费站管理服务空间在考虑植物的防尘、降噪功能的同时，还应考虑"软布局"，靠近雕塑的基调，为员工提供一个优美的环境，减弱员工远离人群的单调感和孤独感。

四、后期处理

利用计算机图像处理软件强大的图像处理功能，考虑图像处理的应用，将彩色激光打印机输出，在此基础上综合考虑对各种特殊的过滤功能，以调整艺术效果。这样的做法能够改善小城市的气候条件，调节当地的温度、湿度、空气，起到保护环境、净化空气、减小噪声、抑制水和土壤污染等作用。因此，在后期处理时必须综合考虑，完善设计。

图纸的设计不仅是一门艺术，还应当具有合法性和合理性。如 F 市双抛物线河大桥加盖景观工程设计，采用计算机虚拟现实技术及喷泉景观设计标准，采用分布式布局方法，有效改善了当地的住宅环境，调节了区域内温度和湿度。同时，在市中心区采取静态的绿色设计，有利于净化空气、缓解噪声，为市民提供了恬静、优美的公共空间。

五、报告预测

利用全球通用的 PowerPoint 和 Authorware 软件，绘制插图设计投影报告，结合状态信息、设计理念、功能分区、3D 效果图、有机合成的 3D 动画，对项目报告程序的设计意图、声音、图片、动画、地理信息、编辑以及正确性进行直观、具体的表达。

现阶段，数字化设计成为景观艺术的一个重要方向，能够解决景观设计中的诸多难题，在未来这种自动化、信息化的趋势还将进一步加强。设计人员利用联网的笔记本电脑，就能实现从语音输入到规格设计、智能设计思维、判断、数据格式全自动兼容，设计效率大幅度提高，设计的精确度也有一定的保障，还能对计算机上的设计效果加以分析、调整和修改，利用生态和土地利用信息存储方式，归档和管理地理信息数据。

现代园林是为大多数人提供游憩、休闲和娱乐场所，它不仅是一个旅游的场所，还在改善气候条件，调节当地温度、湿度，保护环境，抑制水和土壤污染等方面具有现实意义。总而言之，现代园林的概念比以往任何时期范围都要大，内涵更丰富、设施更复杂，其管理和设计离不开多媒体计算机信息技术。

第四节　原生态景观在景观规划中的运用

景观是规划区原有的价值要素，包括原始植物、地形和古迹等。乡土景观规划设计必须坚持景观美的原则，营造出集自然美、形式美、社会美于一体的空间氛围。

在具体的设计过程中，应当综合运用自然景观包含的一切色彩，从美学的角度阐释自然环境，达到自然、人、社会三者之间的和谐共生。本节旨在分析各类景观在美学角度上的意义，为原生态景观规划设计提供参考。

一、主要水景观在景观规划中的应用以及美学意义

当景观规划对原地表水或河流、湿地造成破坏时，应当在结合自然

景观特点的基础上，运用自然的原则和方法进行调整、改善。

在具体规划中，结合人工开挖的养殖池、坑塘等原生水景观的利用功能进行改造，在遵循美学原则的基础上，改造坑、塘的外部造型、驳岸、水质等，使之与周边环境协调，以达到功能性和艺术美的融合。

二、原生植物景观在景观规划中的应用以及美学意义

区域原生植物能够展示区域特色，属于景观设计的植物元素范畴，是一种因地制宜、尊重自然的设计理念。在设计的过程中，应当在确保原生植物景观生态美与自然美的基础上，科学选择植物的形式和种类，达成一种协调美。

三、原始地形景观在景观规划中的应用及美学意义

地形是景观规划设计中的重要因素，决定着整体环境之美。事实上，一切元素的美感都依托于地形。

常见的景观规划区有平原、山脉和丘陵地形。地形是一种非位移景观元素，设计时应遵循其自然形式，不能过分改造，需要保留原有特征。比如，长清区、济南区主要是山区和丘陵原始地貌，设计时应计算山区高低和花园盘旋之间的差距，通过构建一个纵向和横向空间的分散和曲线美，给游客一种柔和、敞亮的视觉体验。

在规划设计中，凹凸的海滩地形也是一种富有特色的景观元素。如秦皇岛沿海地区道路在海潮的影响下，形成多个水坑和环岛，从远处看好似一片绿色岛屿；在退潮时形成的多个水泡，嵌入黑暗的海滩上，形成强烈的反差，从时间和空间上给人截然不同的体验。

四、历史景观在景观规划中的应用以及美学意义

在景观规划中，古迹和遗址也是不可忽视的元素，呈现出明显的地域特色，有着较高的历史价值，对当代景观设计起到重要借鉴作用。

中华文化源远流长、博大精深，古迹和遗址遍布全国各地。在规划设计中，应当在保护的同时加以利用。站点，指一些具有典型地域特色和时代特征的对象，它们或被遗弃或因完成历史使命而退出历史舞台。景观设计师要做的便是将被遗忘的站点唤醒，赋予它们新的生命力。

现阶段的景观设计存在大规模造林行为和盲目、机械化的设计，但其所运用的景观元素是自然的、原生态的，能够给当地群众带来认同感和归属感。因此，对这些历史景观加以科学化、艺术化处理，能够创造出一个富有历史内涵和观赏价值的景观空间，是对设计与自然结合最佳的诠释，体现了各种环境的融合。

第五节　现代商业环境景观规划设计

一、景观规划在现代商业环境中的意义

现代商业环境服务对象极为广泛，其带来的影响具有普遍性。一般来说，建筑、商业街、广场、绿化、道路、照明设施等都属于商业环境，它们的共同点在于内容简单、形式化。这样的简洁形式能够最大限度反映商业环境质量和特点，为消费者营造轻松、愉悦的环境，从而刺激消费，以帮助人们释放身心压力，这是景观规划在现代商业环境的最终目的和归宿。

二、我国城市商业环境现状分析

现代商业环境景观规划应当重视消费者的心理需要，因此一个舒适的购物环境是必不可少的，在运用科技手段强化声、光、色条件的同时，通过营造自然、生态、文明的氛围，给人们以亲切感，达到愉悦人们身心的目的。我国现代城市购物环境正从以往的枯燥乏味向绿化、人文方向发展，但尚未形成成熟的模式，难以体现商业环境的宜人化、生态化特点。因此，现代商业环境景观规划，想要做到这一点，必须遵循以下原则。

（一）以人为本，探索本土原始商业环境规划的基础

现代商业环境的服务对象是广大人民群众，规划必须重视人的心理需求，考虑人们的消费习惯，坚持以人为本的原则，分析人们的心理"停驻点"。通过营造一个宽松、舒适的消费环境，让消费者在身心愉悦的状态下购物，这种将商业购物与娱乐方式结合起来的设计模式是科学合理的。

（二）从自然、人文角度规划现代商业环境

每一座城市的自然环境都存在一定的差异，其形成的购物环境的商业内涵也有所不同。想要得到消费者的认可，就需要设计一个集亲切感、人性化、开放性和层次感于一体的购物空间，辅之颜色的映衬、艺术的展现，实现城市自然景观、人文风貌和地域特色的结合，推动购物环境的改善，促进城市公共空间的融合。现代商业环境规划的直接目的在于增加商品销量，刺激消费，所以必须将商业化和景观化有机结合起来，营造出消费者认可的空间环境。

（三）从整体上规划现代商业环境

不同的商业环境有不同的空间形式，在规划设计的过程中必须考虑周边环境，努力在空间形式上做到开放、结合、协调，通过中庭设计或辅助景观，将原有的景观元素融入商业场所当中。在室内外建立空间联系和信息暗示，实现商业环境与公共空间的结合。

（四）重视商业景观环境的保护和延续

现代商业环境强调与周边环境的协调，这对活跃城市商业氛围，加强文化宣传，提升城市活力和推动城市可持续发展有着积极的意义。因此，现代商业环境的景观规划应当结合市场需求，制定科学的设计方案，从而发挥景观文化保护和弘扬传统文化的作用。

参考文献

1. 张燕. 旅游景观规划与景观提升设计研究 [M]. 北京：中国水利水电出版社，2019.

2. 刘钊. 现代景观规划设计探索研究 [M]. 北京：中国纺织出版社有限公司，2021.

3. 李莉. 城市景观设计研究 [M]. 长春：吉林美术出版社，2019.

4. 肖国栋，刘婷，王翠. 园林建筑与景观设计 [M]. 长春：吉林美术出版社，2019.

5. 何昕. 景观规划设计中的艺术手法 [M]. 北京：北京理工大学出版社，2017.

6. 林春水，马俊. 景观艺术设计 [M]. 杭州：中国美术学院出版社，2019.

7. 刘谯，张菲，吴卫光. 城市景观设计 [M]. 上海：上海人民美术出版社，2018.

8. 王江萍. 城市景观规划设计[M]. 武汉：武汉大学出版社，2020.

9. 张鹏伟，路洋，戴磊. 园林景观规划设计 [M]. 长春：吉林科学技术出版社，2020.

10. 田勇. 景观规划与设计案例实践[M]. 长春：吉林大学出版社，2020.

11. 刘利亚. 景观规划与设计 [M]. 武汉：华中科技大学出版社，2018.

12. 郭征，郭忠磊，豆苏含. 城市绿地景观规划与设计 [M]. 北京：中国原子能出版社，2019.

13．李士青，张祥永，于鲸．生态视角下景观规划设计研究［M］．青岛：中国海洋大学出版社，2019．

14．彭丽．现代园林景观的规划与设计研究［M］．长春：吉林科学技术出版社，2019．

15．刘滨谊．现代景观规划设计［M］．南京：东南大学出版社，2017．

16．吴林．景观规划设计的生态理念融入与实现［M］．长春：吉林大学出版社，2018．

17．汤喜辉．美丽乡村景观规划设计与生态营建研究［M］．北京：中国书籍出版社，2019．

18．胡先祥．景观规划设计［M］．北京：机械工业出版社，2015．

19．谷康．城市道路绿地地域性景观规划设计［M］．南京：东南大学出版社，2018．

20．于东飞．景观设计基础［M］．北京：中国建筑工业出版社，2017．

21．吴忠．景观设计［M］．武汉：武汉大学出版社，2017．

22．吴阳，刘慧超，丁妍．景观设计原理［M］．石家庄：河北美术出版社，2017．

23．蔡文明，刘雪．现代景观设计教程［M］．成都：西南交通大学出版社，2017．

24．马克辛，卞宏旭．景观设计［M］．沈阳：辽宁美术出版社，2017．

25．成国良，曲艳丽．旅游景区景观规划设计［M］．济南：山东人民出版社，2017．

26．刘丽雅．居住区景观设计［M］．重庆：重庆大学出版社，2017．

27．孙青丽，李抒音．景观设计概论［M］．天津：南开大学出版社，2016．